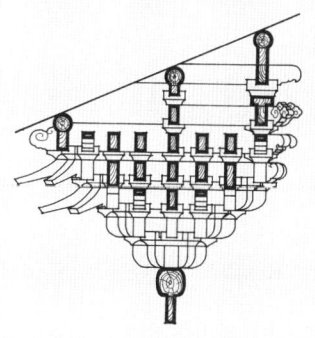

古拙

梁思成 笔下的古建之美

梁思成 著
林洙 编

中国青年出版社

梁思成在测绘四川雅安高颐阙

考察古建时的梁思成

编辑说明

在心里想了很久,要做一本这样的书,它既是一本梁思成先生所著的关于中国古代建筑的通俗读物,它还兼备日历和笔记本的功能。

我清晰地记得,那一天是在北海团城,我突然想明白了这本书要怎么编辑,我为什么要做这样一本书。我的初衷是,希望读者每天看一点关于中国古建的内容,也许是一张古建筑老照片,也许是一幅手绘图,也许是一段文字,从尧舜时期的"堂高三尺,茅茨土阶"开始,直至今天我们能随时去游览的故宫、北海公园。通过一年的时间,每天看一点内容,对于中国古代建筑的历史、文化、风格演变的过程,会有一个整体的印象和简单的了解。

大概介绍一下这本书的功能,首先这是一本梁思成先生所写的关于中国古代建筑的通俗读本,内容非常丰富,收录相当数量的手绘图和照片,以年代为线索,整体讲述了中国古代建筑演变的特点和风格,在每一个章节重点介绍了一些有重大历史价值的古建，如佛光寺、独乐寺、华严寺、善化寺、隆兴寺和晋祠，等等。

其次，这本书有日记的功能。我没有把日期、星期、节气等信息标上，但是留出了您可以自己填写的位置，如果您愿意并且有记日记的习惯，可以自己手工填写，并不费事。如果您和我一样，不是每天记日记，也可以不必空那么多白页，手工写下当天的日子即可。这样一本日记，可以随时开始，有感再写。

第三，它有月历的功能。设计师选用了一张梁思成先生所绘的唐代佛光寺手绘图来制作本书的外封，非常精美，建议可装裱一下，就是一幅很美的建筑画。在本书的编辑设计中，文中内容分为了12个章节，这既是按朝代的演变来划分，也暗合了一年12个月的意思，每个章节之前有一份月历，这份月历中的每个字都是从梁思成先生的手稿里选出的，非常古雅。

本书收录了相当部分的老照片和手绘图，也最大可能地保留了资料的真实状态。这些资料经历过水灾、战争、辗转过数个城市,甚至被遗落在异国长达几十年,可以看见的残破、水渍、霉点,都是时间的印迹、历史的见证。我们想把它们原汁原味地呈现出来。

关于这本书的各种想法一直盘桓在我脑子里,一一落实颇费心力。林洙老师对我的想法总是无条件支持,书中的内容经她仔细地梳理、增补,立刻就完整、流畅了很多,要知道她已是一位八十多岁的老人。本书的设计师非常用心,很有创意。

我们很想把这本书做好,做得有意思,希望能让读者拿在手里会喜欢,觉得既能读又能用。时间流逝得多么快呀,因为本书有年历的功能,不能允许我跟以前一样磨啊磨啊,书中难免有不周到、不舒服的地方,希望读者朋友们理解。想来梁思成先生作品的内容是永远不会过时的,留待明年,希望能有所进步,打磨出一本更好的书。

责任编辑:王飞宁

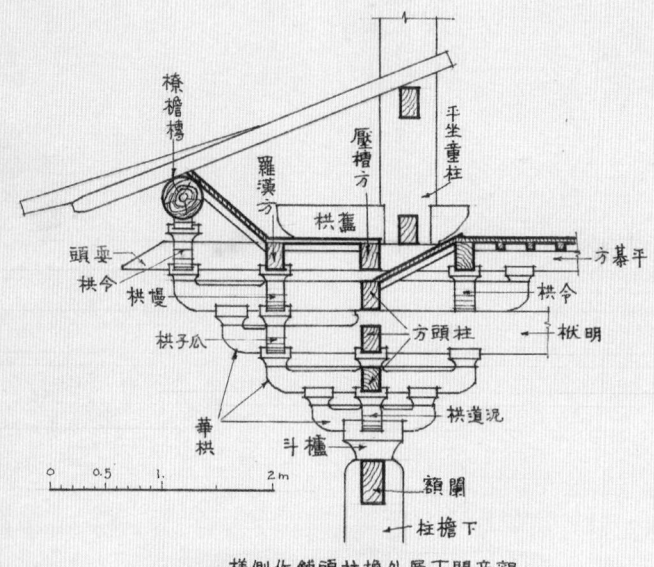

觀音閣下層外檐柱頭鋪作側樣

1 / Jan.
中国建筑的基本特征

梁思成在测绘古建

1
―
Jan.

M	T	W

T	F	S	S

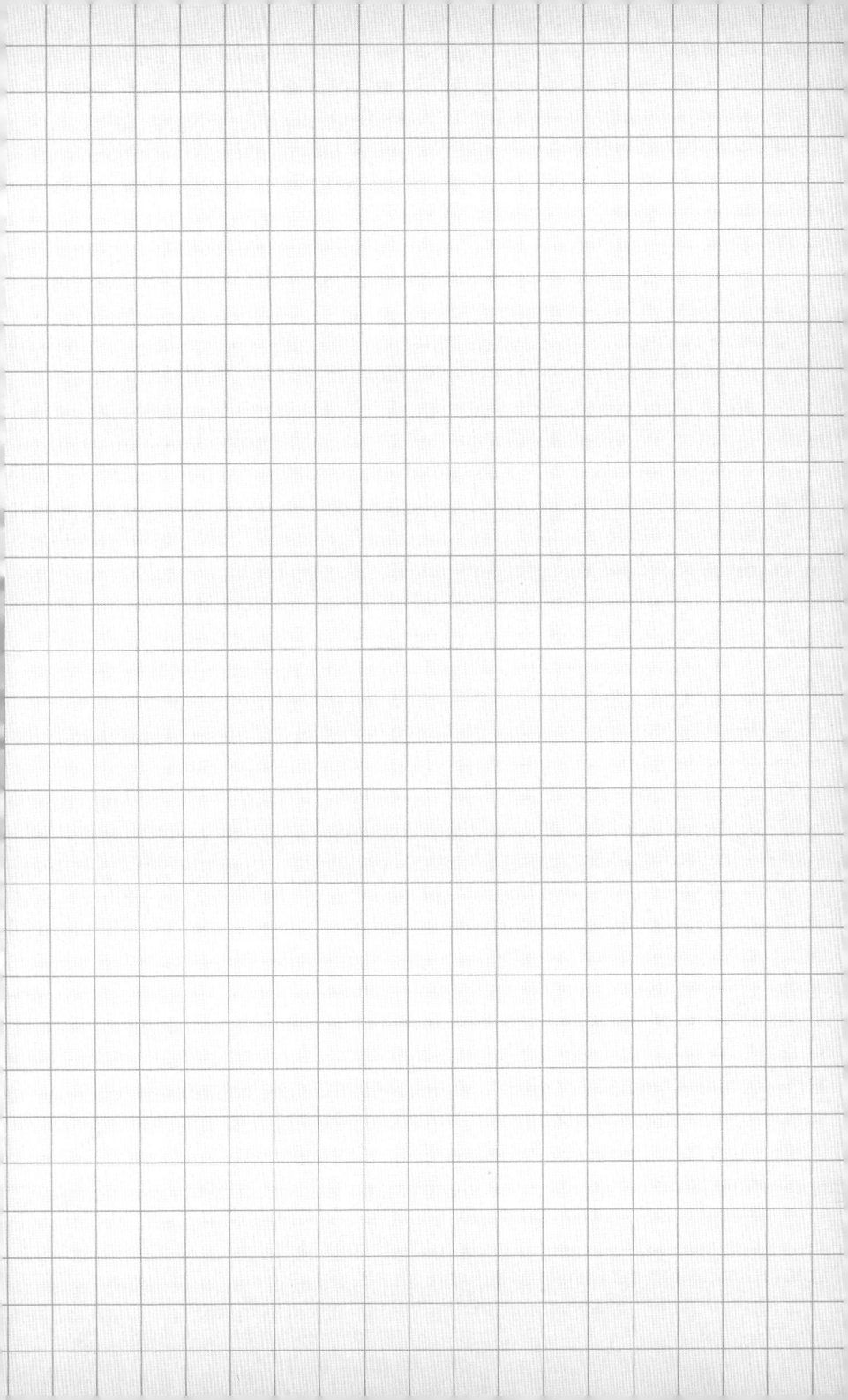

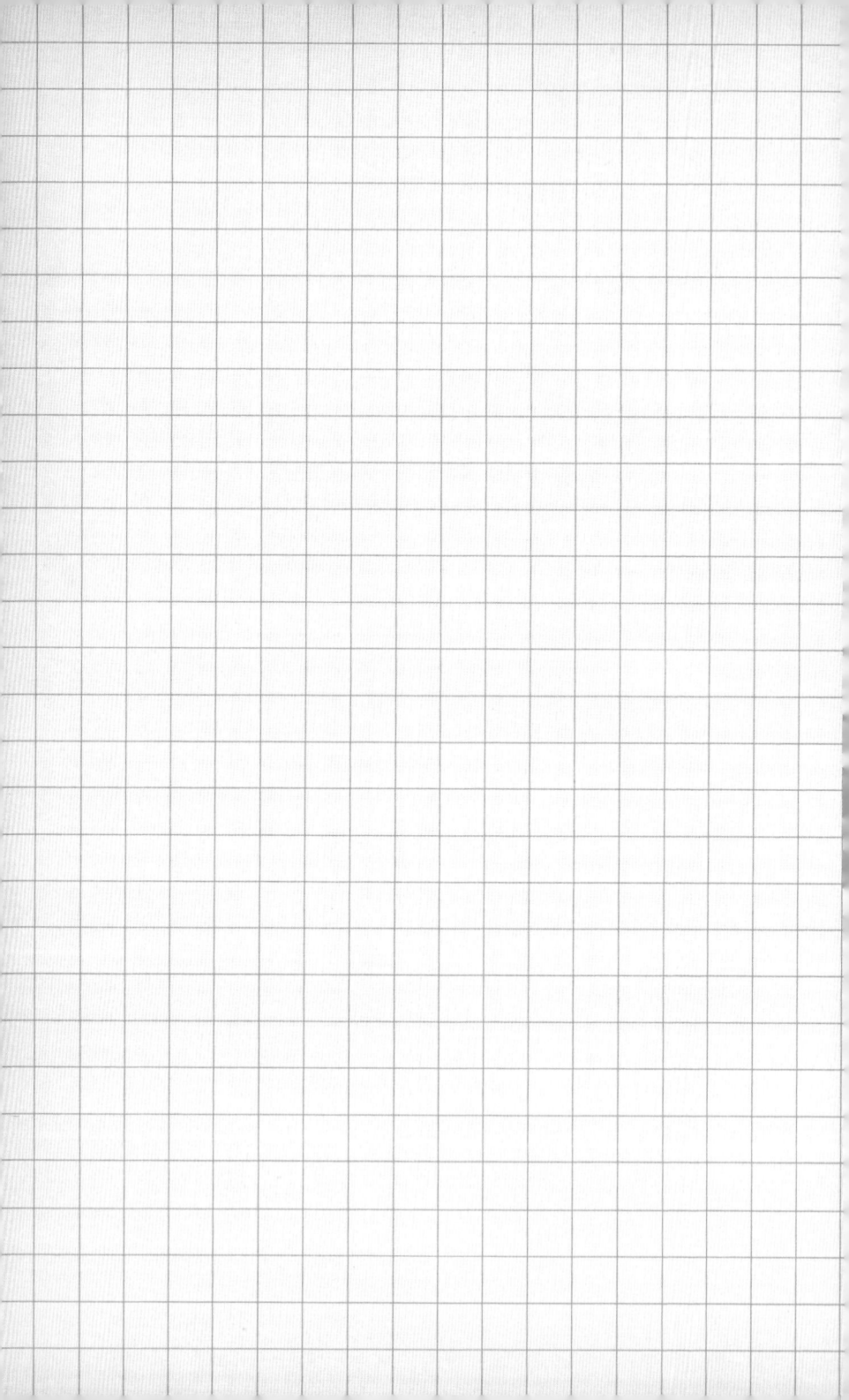

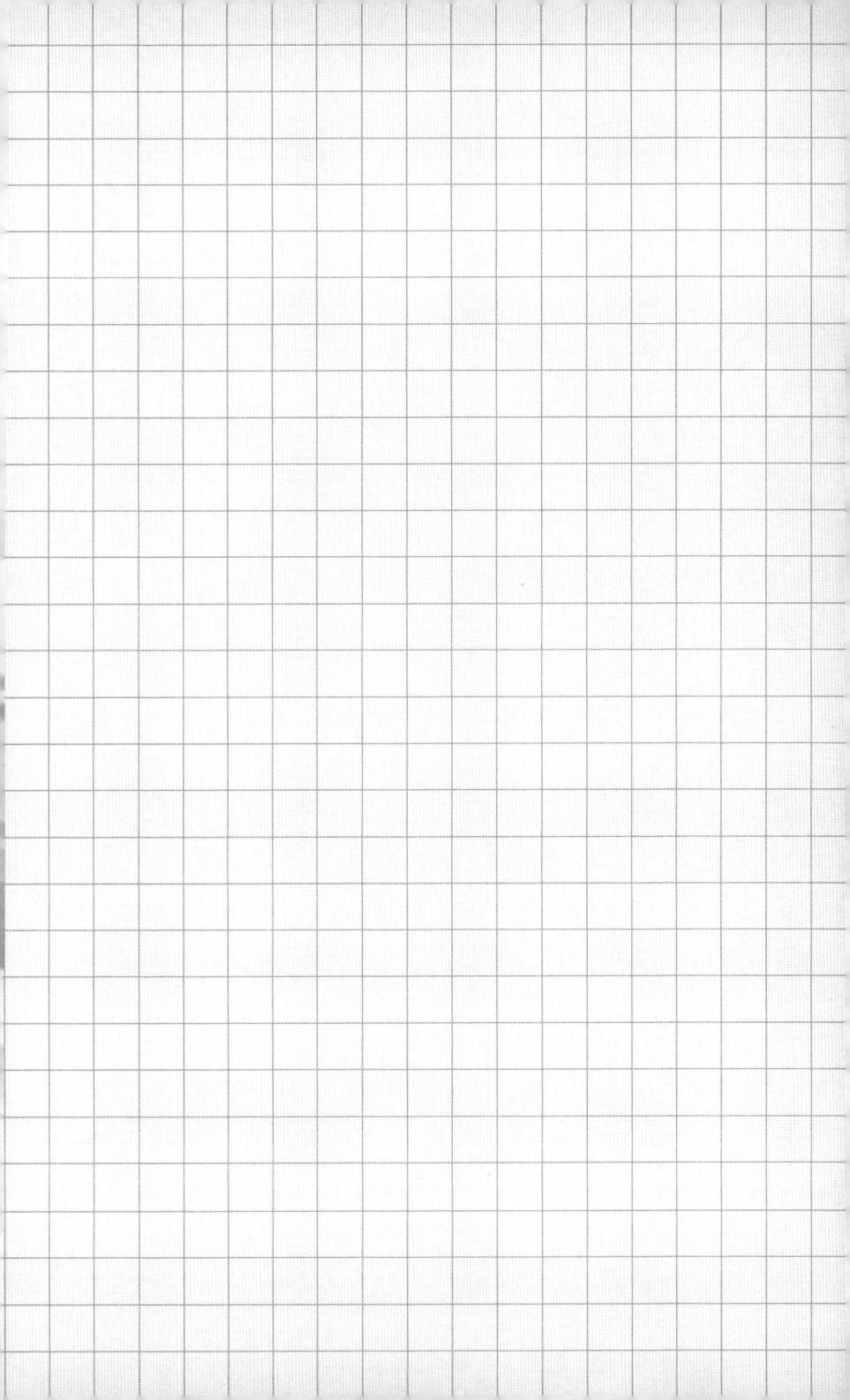

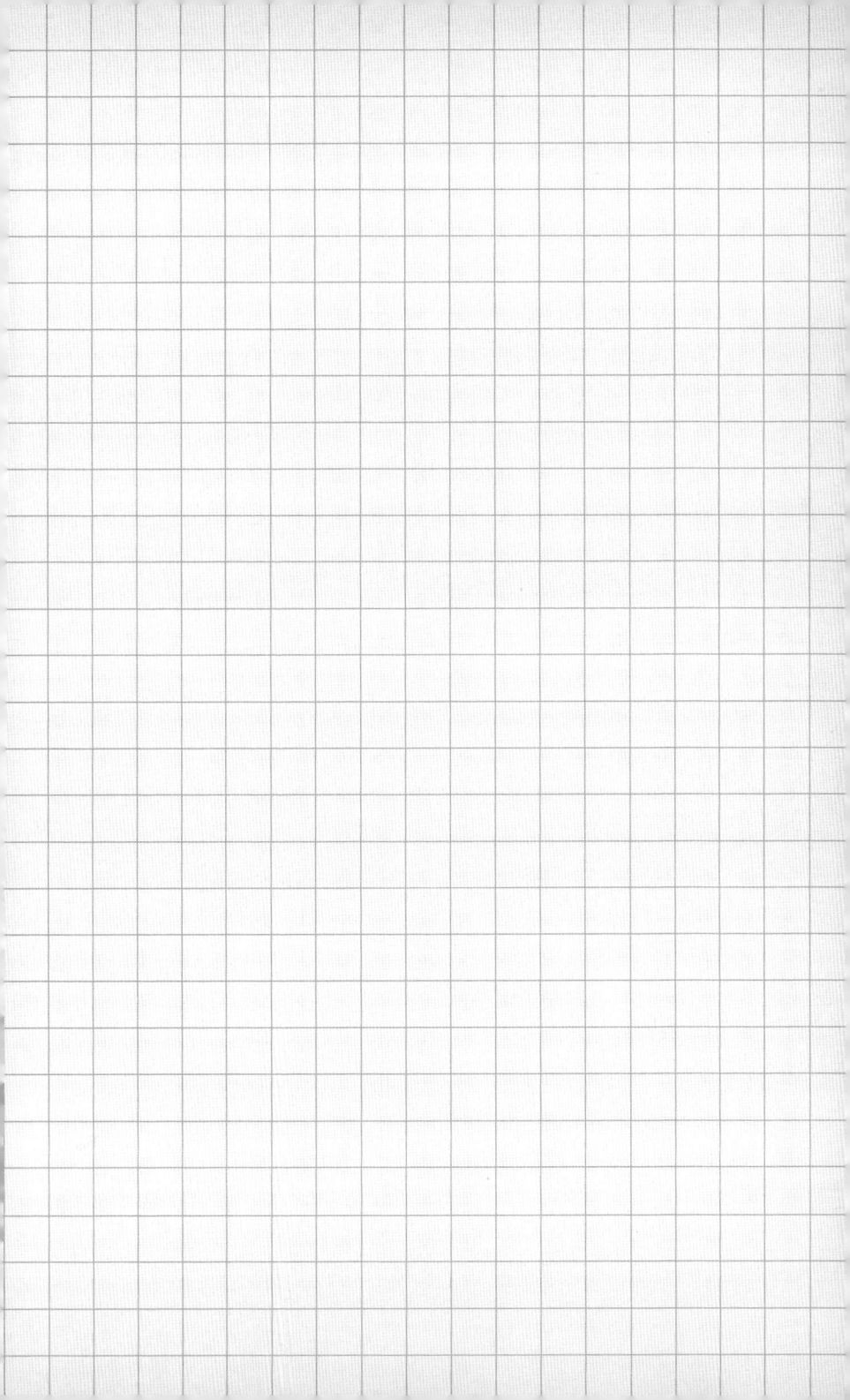

中国的建筑体系是在世界各民族数千年文化史中一个独特的建筑体系。它是中华民族数千年来世代经验的累积所创造的。这个体系分布到很广大的地区：西起葱岭，东至日本、朝鲜，南至越南、缅甸，北至黑龙江，包括蒙古人民共和国的区域在内。这些地区的建筑和中国中心地区的建筑，或是同属于一个体系，或是大同小异，如弟兄之同属于一家的关系。

考古学家所发掘的殷代遗址证明，至迟在公元前15世纪，这个独特的体系已经基本上形成了。它的基本特征一直保留到了最近代。三千五百年来，中国世世代代的劳动人民发展了这个体系的特长，不断地在技术上和艺术上把它提高，达到了高度水平，取得了辉煌成就。

中国建筑的基本特征可以概括为下列九点。

(一)个别的建筑物，一般地由三个主要部分构成：下部的台基，中间的房屋本身和上部翼状伸展的屋顶。

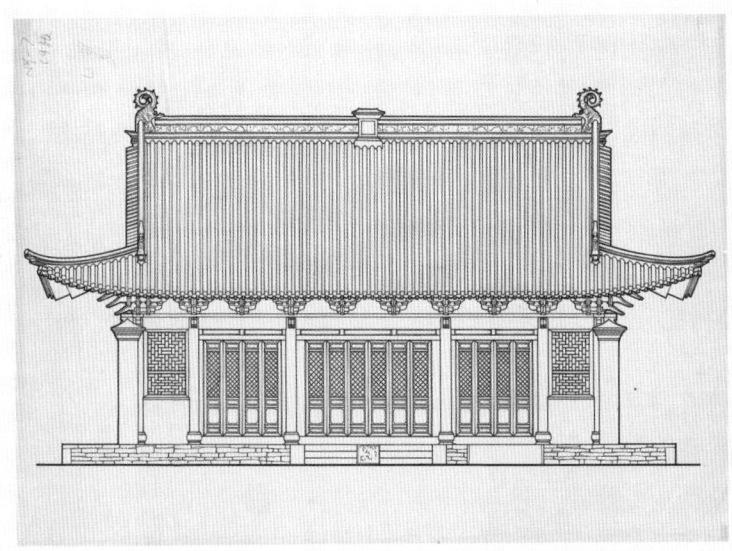

云南省昆明市真庆观大殿

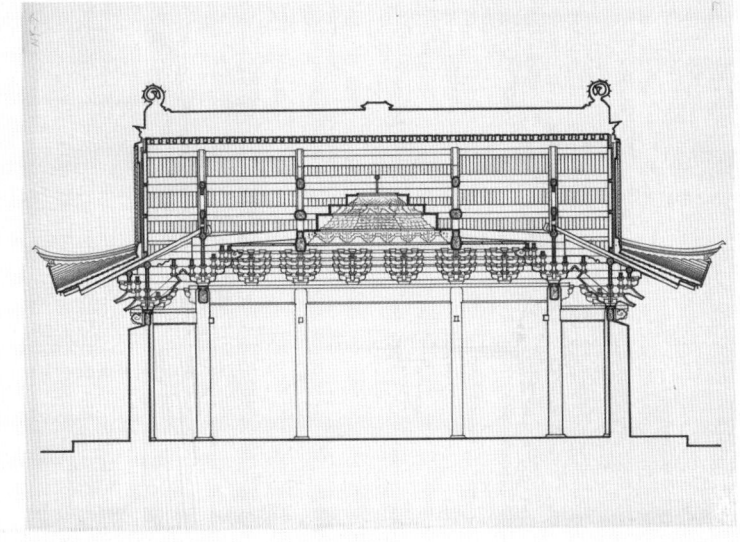

云南省昆明市真庆观大殿

（二）在平面布置上，中国所称为一"所"房子是由若干座这种建筑物以及一些联系性的建筑物，如回廊、抱厦、厢、耳、过厅等等，围绕着一个或若干个庭院或天井建造而成的。在这种布置中，往往左右均齐对称，构成显著的轴线。这同一原则，也常应用在城市规划上。主要的房屋一般地都采取向南的方向，以取得最多的阳光。这样的庭院或天井里虽然往往也种植树木花草，但主要部分一般地都有砖石墁地，成为日常生活所常用的一种户外的空间，我们也可以说它是很好的"户外起居室"。

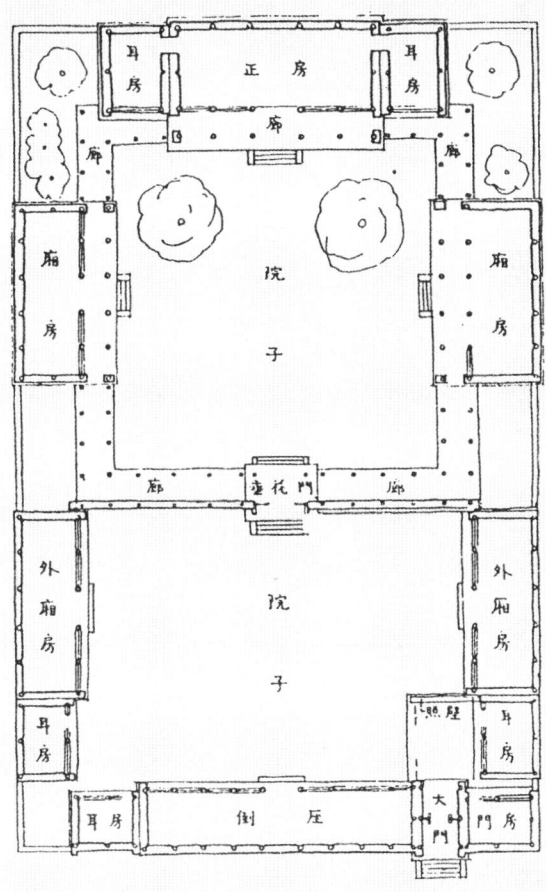

006·366

(三）这个体系以木材结构为它的主要结构方法。这就是说，房身部分是以木材做立柱和横梁，成为一副梁架。每一副梁架有两根立柱和两层以上的横梁。每两副梁架之间用枋、檩之类的横木把它们互相牵搭起来，就成了"间"的主要构架，以承托上面的重量。

两柱之间也常用墙壁，但墙壁并不负重，只是像"帷幕"一样，用以隔断内外，或分划内部空间而已。因此，门窗的位置和处理都极自由，由全部用墙壁至全部开门窗，乃至既没有墙壁也没有门窗（如凉亭），都不妨碍负重的问题；房顶或上层楼板的重量总是由柱承担的。这种框架结构的原则直到现代的钢筋混凝土构架或钢骨架的结构才被应用，

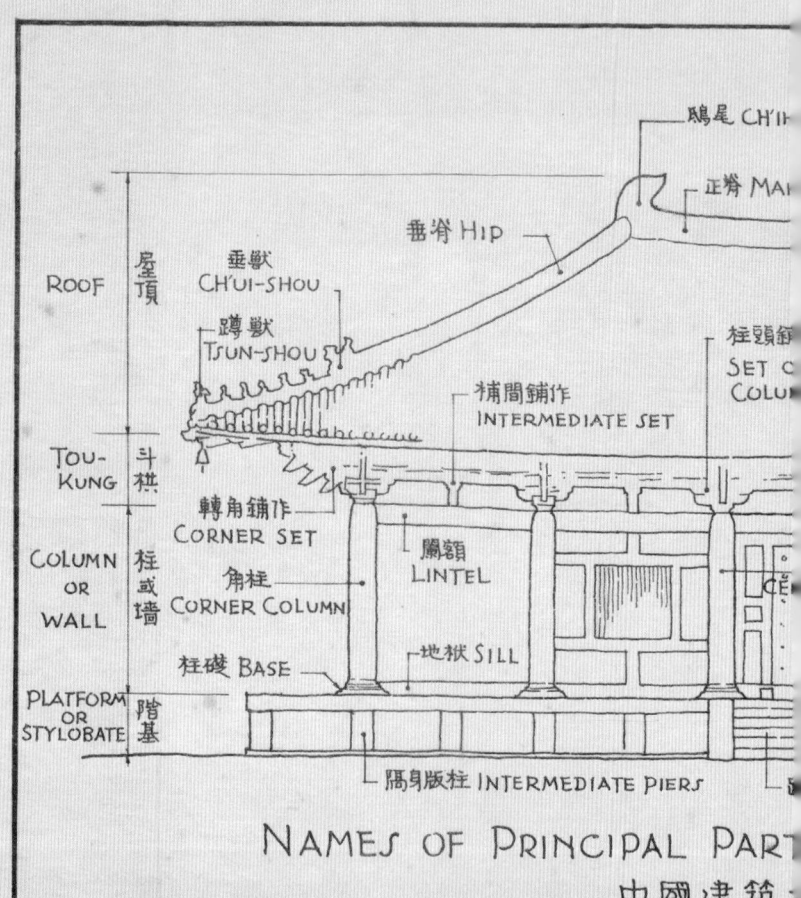

A CHINESE BUILDING

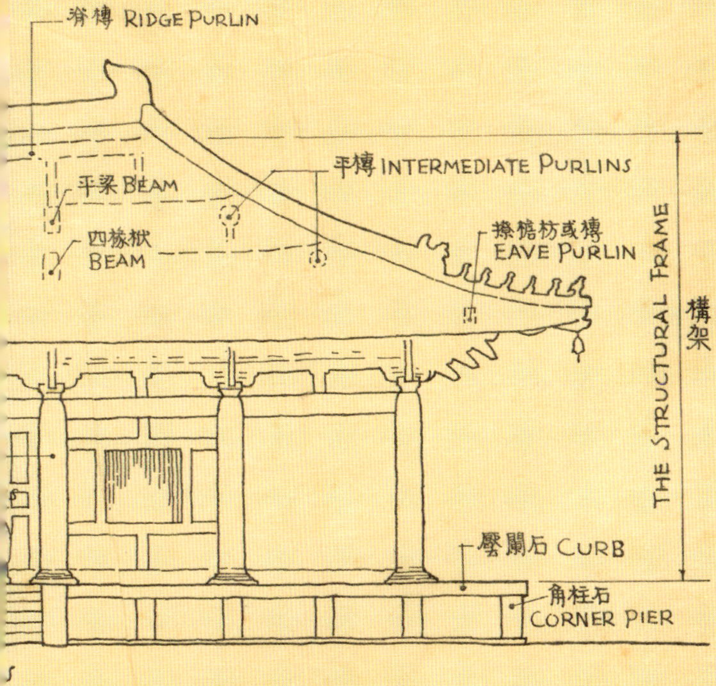

而我们中国建筑在三千多年前就具备了这个优点,并且恰好为中国将来的新建筑在使用新的材料与技术的问题上具备了极有利的条件。

(四)斗栱:在一副梁架上,在立柱和横梁交接处,在柱头上加上一层层逐渐挑出的称作"栱"的弓形短木,两层栱之间用称作"斗"的斗形方木块垫着。这种用栱和斗综合构成的单位叫作"斗栱"。它是用以减少立柱和横梁交接处的剪力,以减少梁的折断之可能的。更早,

它还是用以加固两条横木接榫的，先是用一个斗，上加一块略似栱形的"替木"。斗栱也可以由柱头挑出去承托上面其他结构，最显著的如屋檐，上层楼外的"平坐"（露台），屋子内部的楼井、栏杆等。斗栱的装饰性很早就被发现，不但在木构上得到了巨大的发展。并且在砖石建筑上也充分应用，它成为中国建筑中最显著的特征之一。

（五）举折，举架：梁架上的梁是多层的；上一层总比下一层短；两层之间的矮柱(或柁墩)总是逐渐加高的。这叫作"举架"。屋顶的坡度就随着这举架，由下段的檐部缓和的坡度逐步增高为近屋脊处的陡斜，成了缓和的弯曲面。

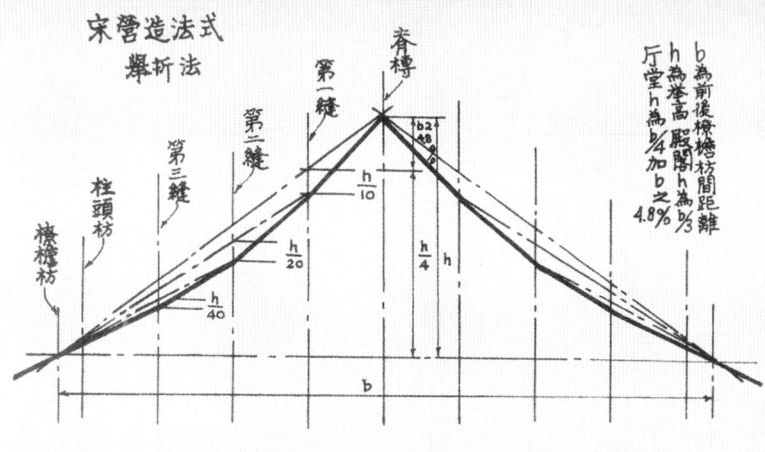

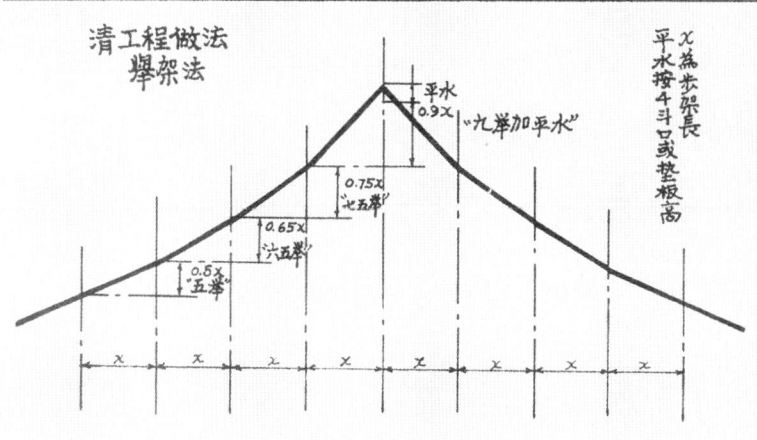

（六）屋顶在中国建筑中素来占着极其重要的位置。它的瓦面是弯曲的，已如上面所说。当屋顶是四面坡的时候，屋顶的四角也就是翘起的。它的壮丽的装饰性也很早就被发现而予以利用了。在其他体系建筑中，屋顶素来是不受重视的部分，除掉穹隆顶得到特别处理之外，一般坡顶都是草草处理，生硬无趣，甚至用女儿墙把它隐藏起来。但在中国，古代智慧的匠师们很早就发挥了屋顶部分的巨大的装饰性。在《诗经》里就有"如鸟斯革"，"如翚斯飞"的句子来歌颂像翼舒展的屋顶和出檐。《诗经》开了端，两汉以来许多诗词歌赋中就有更多叙述屋子顶部和它的各种装饰的词句。这证明顶屋不但是几千年来广大人民所喜闻乐见的，并且是我们民族所最骄傲的成就。它的发展成为中国建筑中最主要的特征之一。

（七）大胆地用朱红作为大建筑物屋身的主要颜色，用在柱、门窗和墙壁上，并且用彩色绘画图案来装饰木构架的上部结构，如额枋、梁架、柱头和斗栱，无论外部内部都如此。在使用颜色上，中国建筑是世界各建筑体系中最大胆的。

（八）在木结构建筑中，所有构件交接的部分都大半露出，在它们外表形状上稍稍加工，

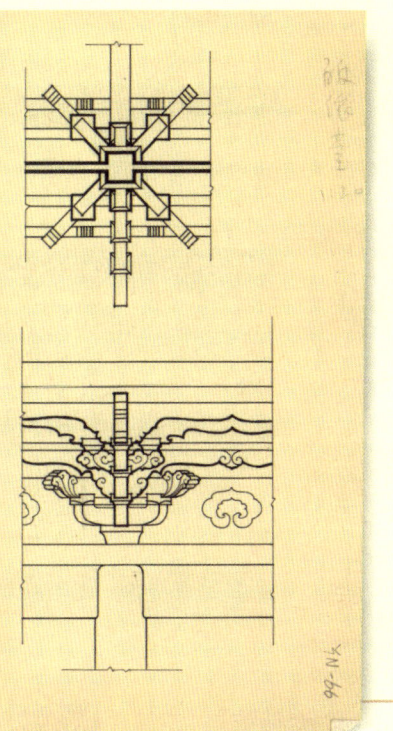

使成为建筑本身的装饰部分。例如：梁头做成"挑尖梁头"或"蚂蚱头"；额枋出头做成"霸王拳"；昂的下端做成"昂嘴"，上端做成"六分头"或"菊花头"；将几层昂的上段固定在一起的横木做成"三福云"等等；或如整组的斗栱和门窗上的刻花图案、门环、角叶，乃至如屋脊、脊吻、瓦当等都属于这一类。它们都是结构部分，经过这样的加工而取得了高度装饰的效果。

（九）在建筑材料中，大量使用有色琉璃砖瓦；尽量利用各色油漆的装饰潜力。木上刻花，石面上作装饰浮雕，砖墙上也加雕刻。这些也都是中国建筑体系的特征。

太原晋祠圣母殿斗栱

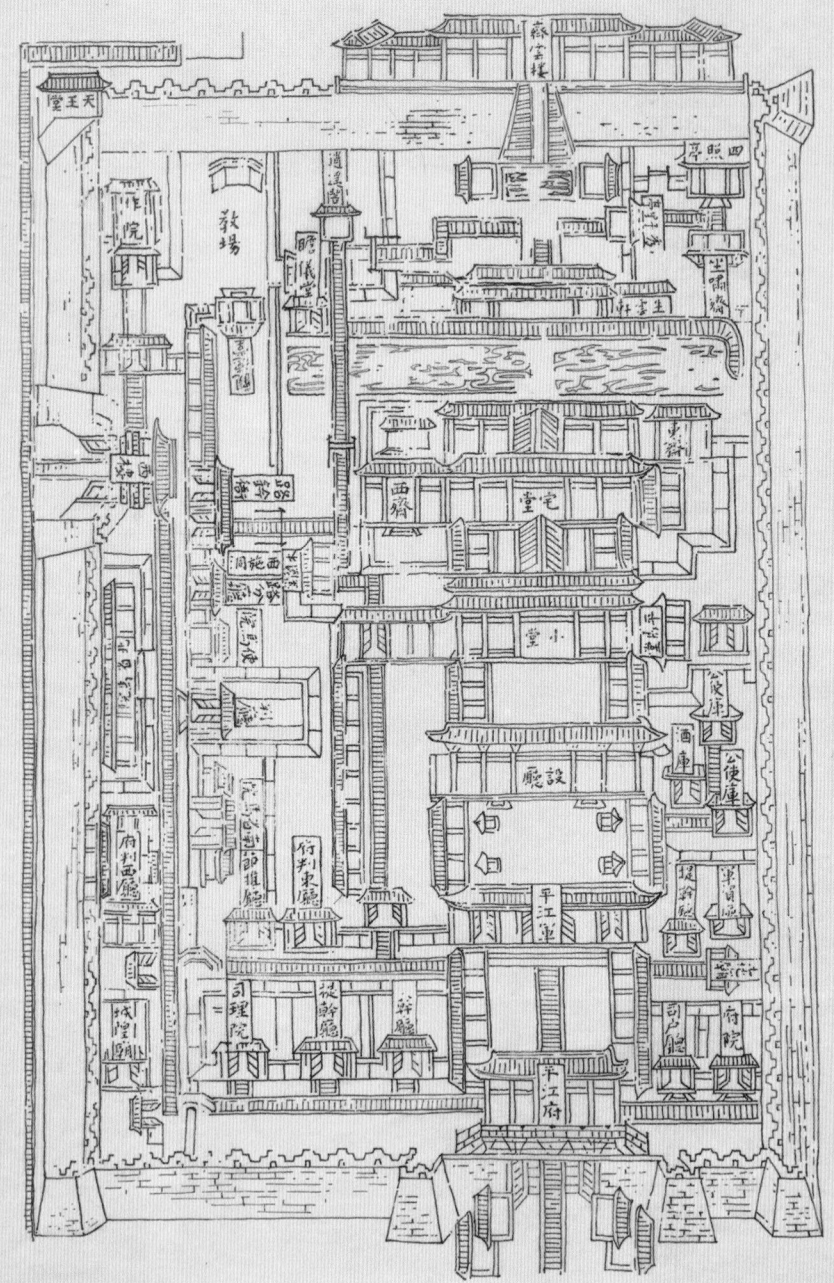

GOVERNOR'S COMPOUND, P'ING-CHIANG FU, (PRESENT DAY SOOCHOW) SUNG DYNASTY. FROM A STELE IN THE TEMPLE OF CONFUCIUS, SOOCHOW.

这一切特点都有一定的风格和手法,为匠师们所遵守,为人民所承认,我们可以叫它做中国建筑的"文法"。建筑和语言文字一样,一个民族总是创造出他们世世代代所喜爱,因而沿用的惯例,成了法式。在西方,希腊、罗马体系创造了它们的"五种典范",成为它们建筑的法式。中国建筑怎样砍割并组织木材成为梁架,成为斗栱,成为一"间",成为个别建筑物的框架;怎样用举架的公式求得屋顶的曲面和曲线轮廓;怎样结束瓦顶;怎样求得台基、台阶、栏杆的比例;怎样切削生硬的结构部分,使同时成为柔和的、曲面的、图案型的装饰物;怎样布置并联系各种不同的个别建筑,组成庭院:这都是我们建筑上

梁思成在颐和园

020·366

二三千年沿用并发展下来的惯例法式。无论每种具体的实物怎样地千变万化，它们都遵循着那些法式。构件与构件之间，构件和它们的加工处理装饰，个别建筑物与个别建筑物之间，都有一定的处理方法和相互关系，所以我们说它是一种建筑上的"文法"。至如梁、柱、枋、檩、门、窗、墙、瓦、槛、阶、栏杆、槅扇、斗栱、正脊、垂脊、正吻、戗兽、正房、厢房、游廊、庭院、夹道等等，那就是我们建筑上的"词汇"，是构成一座或一组建筑的不可少的构件和因素。

河北开元寺毗卢殿藻井

这种"文法"有一定的拘束性，但同时也有极大的运用的灵活性，能有多样性的表现。也如同做文章一样，在文法的拘束性之下，仍可以有许多体裁，有多样性的创作，如文章之有诗、词、歌、赋、论著、散文、小说等等。建筑的"文章"也可因不同的命题，有"大文章"或"小品"。大文章如宫殿、庙宇等等；"小品"如山亭、水榭、一轩、一楼。文字上有一面横额，一副对子，纯粹作点缀装饰用的。建筑也有类似的东西，如在路的尽头的一座影壁，或横跨街中心的几座牌楼等等。它们之所以都是中国建筑，具有共同的中国建筑的特性和特色，就是因为它们都是用中国建筑的"词汇"，遵循着中国建筑的"文法"所组织起来的。运用这"文法"的规则，为了不同的需要，可以用极不相同的"词汇"构成极不相同的体形，表达极不相同的情感，解决极不相同的问题，创造极不相同的类型。

这种"词汇"和"文法"到底是什么呢?归根说来。它们是从世世代代的劳动人民在长期建筑活动的实践中所累积的经验中提炼出来,经过千百年的考验,而普遍地受到承认而遵守的规则和惯例。它是智慧的结晶,是劳动和创造成果的总结。它不是一人一时的创作。它是整个民族和地方的物质和精神条件下的产物。

由这"文法"和"词汇"组织而成的这种建筑形式，既经广大人民所接受，为他们所承认、所喜爱，于是原先虽是从木材结构产生的，它们很快地就越过材料的限制，同样地运用到砖石建筑上去。以表现那些建筑物的性质，表达所要表达的情感。这说明为什么在中国无数的建筑上都常常应用原来用在木材结构上的"词汇"和"文法"。这条发展的途径，中国建筑和欧洲希腊、罗马的古典建筑体系，乃至埃及和两河流域的建筑体系是完全一样的；所不同者，是那些体系很早就舍弃了木材而完全代以砖石为主要材料。在中国，则因很早就创造了先进的科学的梁架结构法，把它发展到高度的艺术和技艺水平，所以虽然也发展了砖石建筑，但木框架还同时被采用为主要结构方法。这样的框架实在为我们的新建筑的发展创造了无比的有利条件。

（本文节选自梁思成先生的《中国建筑的特征》）

長清靈巖寺
慧崇塔

026·366

水彩巴黎

027·366

028·366

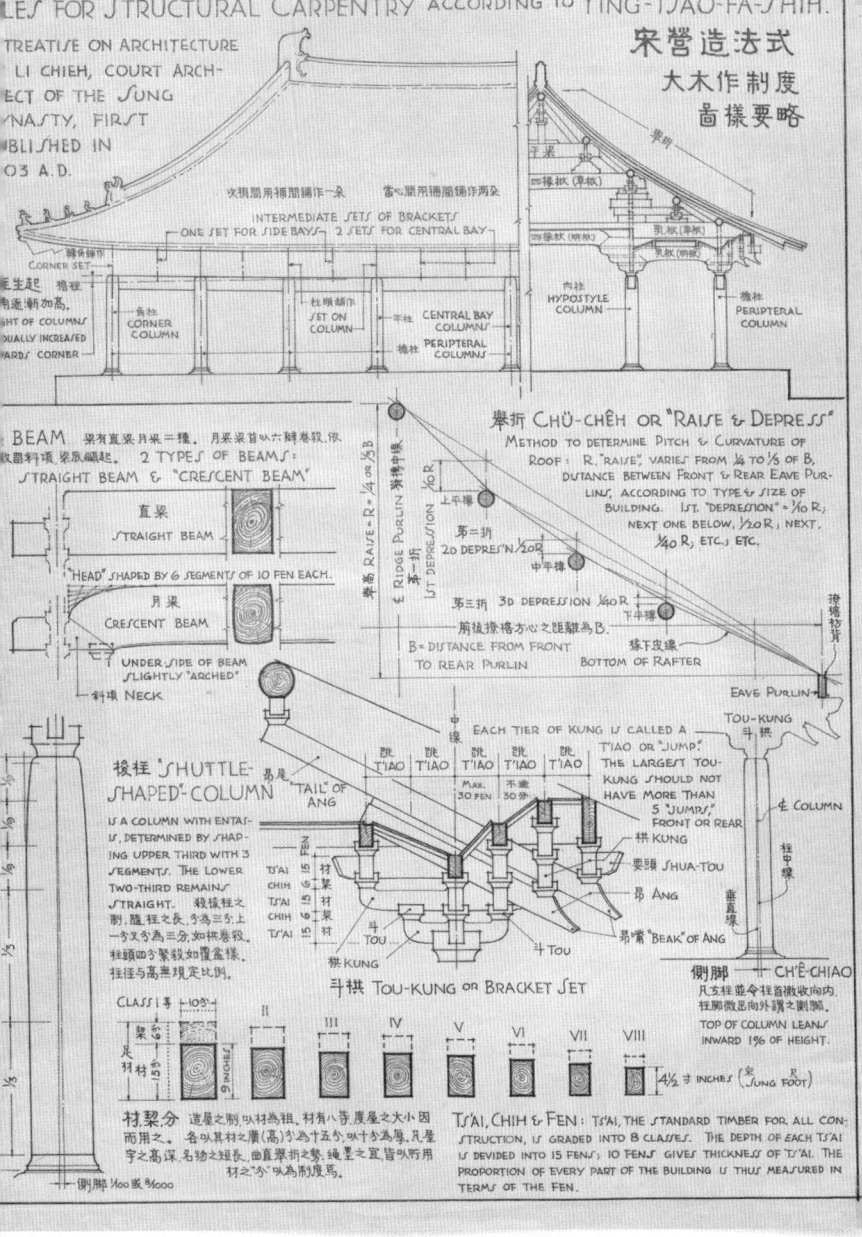

030·366

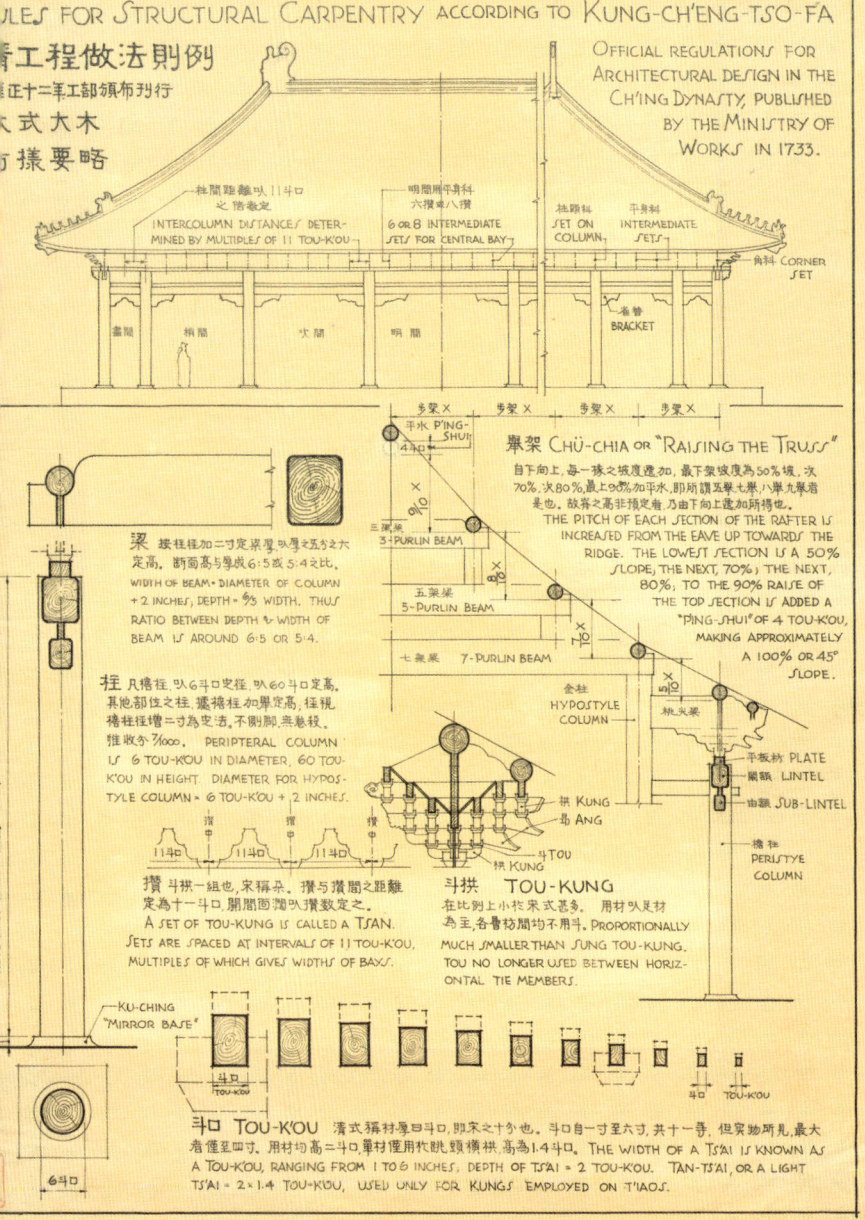

梁思成在南朝梁石兽前

2 / Feb.
石器时代 —— 六朝建筑

2

Feb.

M	T	W

T	F	S	S

石器时代

作为物质文化的一部分,中国建筑的历史实际上比有文字记录的历史要长若干倍。

估计从石器时代开始,经过可能达到一两万年的长时间,一直到佛教传入中国时,中国的匠师已经积累了极其丰富的经验。

在工程结构方面,形成了一套有高度科学性的结构方法。在建筑的艺术处理方面,也形成了一套特殊风格和手法,成为一个独特的建筑体系,那就是今天一般被称作中国建筑的这样一个建筑体系。

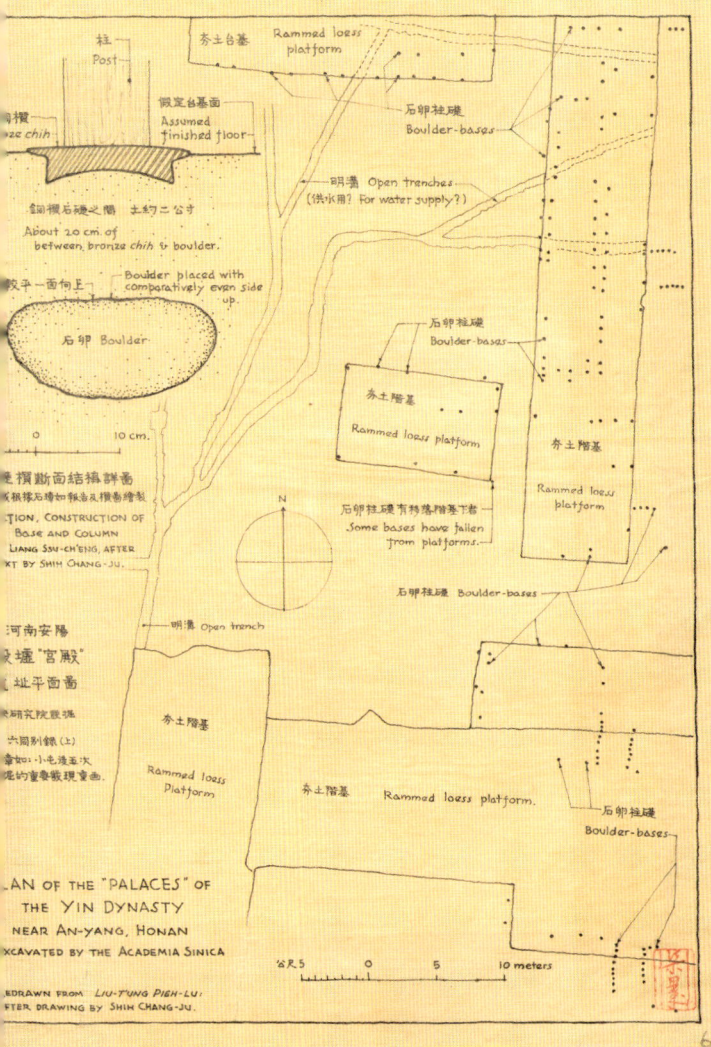

尧舜时代

古代文献给我们最早的记录资料是春秋时期人们提到的尧、舜时期的房子：尧的"堂高三尺，茅茨土阶。"现在我们所已得到的最早的建筑实物是河南安阳殷时代的宫殿或家庙遗址：底下有高出地面的一个土台，上有排列的石础和烧剩下的木柱的残炭。

韩非子所说的尧"堂高三尺,茅茨土阶"倒很像是描写殷代的宫殿或家庙的建筑。至于《史记》所说"南据朝歌,北据邯郸及沙丘,皆为离宫别馆",形状如何,已不可见。

春秋战国

鲁庄公"丹桓宫之楹而刻其桷",赵文子自营居室,"斫其椽而砻之",是建筑上加工的证据。

晋平公"铜鞮之宫数里"。吴王夫差的宫里"次有台榭陂池",建筑规模是很大的。

由余见了秦穆公的"宫室积聚",曾说"使鬼为之则劳神矣!使人为之亦苦民矣!"这两句话正说出了工程技巧令人吃惊,而归根到底一切是人民血汗和智慧的意思。

战国以来各国高台榭、美宫室的各种风格在秦统一全国的过程中,发展出集珍式的咸阳宫室。这些宫殿又被"复道"和"周阁"联结起来,组合成复杂连续的组群,在总的数量以及艺术的内容上是远超出六国宫室之上。

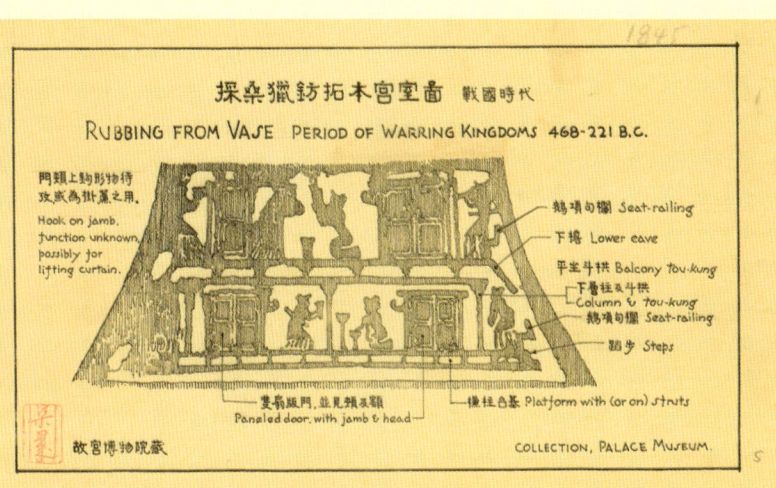

37·366

秦汉

038·366

重楼並雙闕 TWO-STOREYED BUILDING WITH CH'ÜEH
紐約博物館藏石 (METROPOLITON MUSEUM, NEW YORK.)

阿房宫

公元前212年开始兴建历史上著名的"阿房宫",位置在咸阳南面的渭水南岸。主要的"前殿"建在雄伟的高台上,根据记载是东西五百步,南北五十丈,上面可以坐万人,台下可以竖立高五丈的大旗,周迴都有阁道,殿前有"驰道",直达南山,并加筑南山的山顶,作为殿前的门阙,殿后加"复道",跨过渭水与咸阳相连。这种带山跨河,长到几十里的布置手法以及咸阳附近二百里内建造了二百七十多处宫观和大量连属的复道的记录,可以看到秦代建筑惊人的规模。

未央宫

未央宫是西汉首创的一座宫。它的周围是二十八里,主持规划的是萧何,技术方面负责的是军匠出身的阳城延。刘邦曾因见到这座建筑的奢侈华丽而发怒。萧何说他主张建造未央宫的理由是"天子以四海为家,非壮丽无以重威"。这说明他认识到建筑艺术所可能有的政治作用。

建章宫、甘泉宫

长安的建章宫和云阳的甘泉宫都是极其宏阔壮丽的庞大的建筑群。建章宫在长安城西附廓，前殿更高于未央，宫内的建筑被称为"千门万户"，所连属的围范围数十里，宫内开掘人工的太液池，并垒土作山，池中的渐台高二十余丈。高建筑如神明台、井干楼各高五十丈。神明台上有九室，又立起承露盘高二十丈，直径大有七围。井干楼是积叠横木构成的复杂木构建筑。中国最早的高层建筑在这时候产生了。

江口鎮"第355號"墓門
TOMB "Nº 355", CHIANG-K'OU, DETAIL OF ENTRANCE

042·366

东汉时期,王侯、外戚、宦官的宅第非常兴盛,如桓帝时大将军梁冀大建宅第,其妻孙盛也对街兴建,互相争胜。建筑是连房洞户,台阁相通,互相临望。柱壁雕镂,窗用绮疏青琐,木料加以铜和漆,图画仙灵云气,又广开苑囿,垒土筑山,飞梁石磴,凌跨水道,布置成自然形势的深林绝涧。豪侈的建筑之外,宅第中的园林建筑也非常讲究。这些宅第的建筑记载超过了宫室,正反映着东汉社会的具体情况。

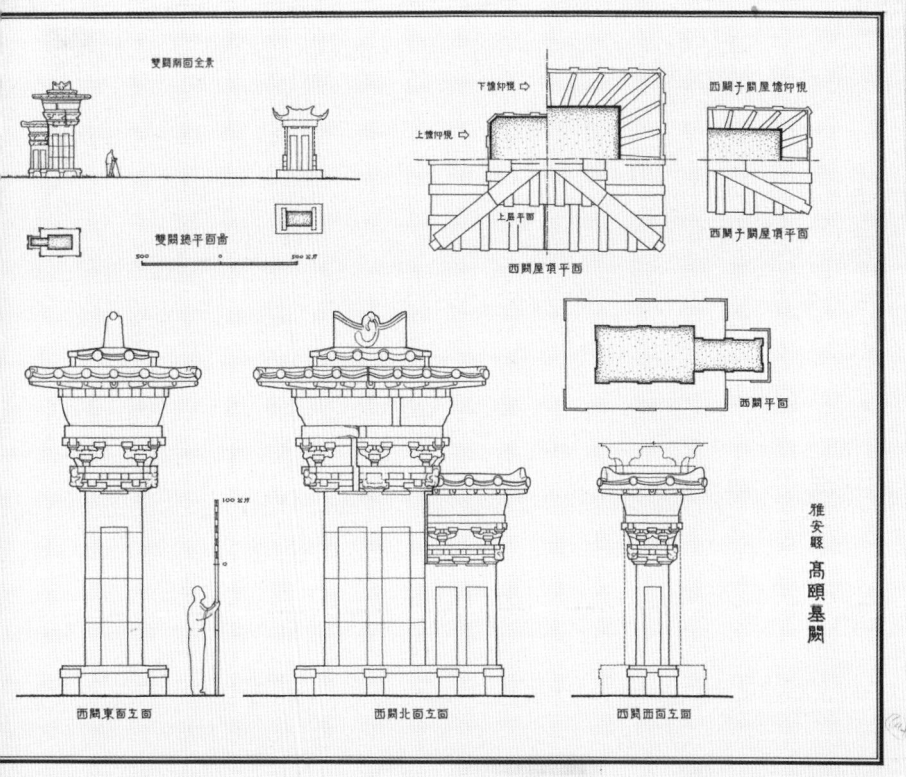

雅安县 高颐墓阙

石阙和石祠

汉朝的石阙和石祠是古代宫殿、祠庙、陵墓前面甬道两旁分立在左右的两座楼阁形的建筑物。现在保存最好而且最精美的阙莫过于西康雅安的高颐墓阙和四川绵阳的杨府君墓阙。它们虽然都是石造的，全部却模仿木构的形状雕成。汉朝木构的法式，包括下面的平台，阙身的柱子，上面重叠的枋橼，以及出檐的屋顶，都用高度娴熟精确的技术表现出来。它们都是最珍贵的建筑杰作。

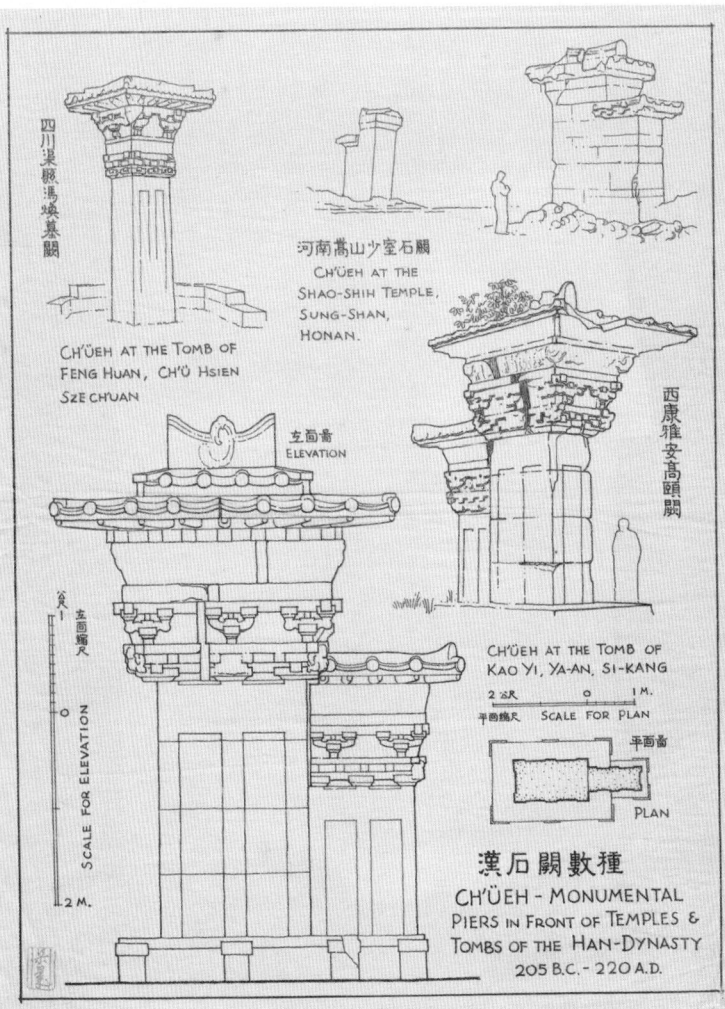

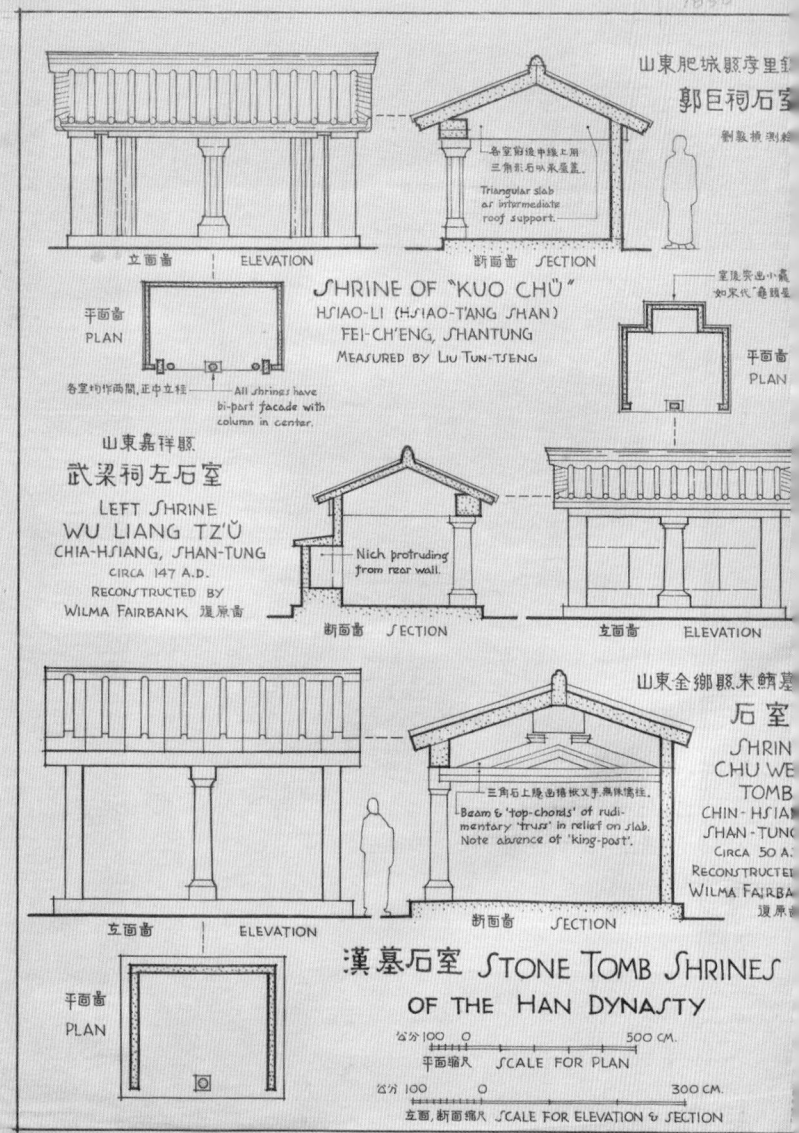

山东嘉祥县和肥城县还有若干汉朝坟墓前的"石室",它们虽然都极小极简单,但是还可以看出用柱、用斗和用梁架的表示。

我们从这几种汉朝的遗物中可以看出中国建筑所特有的传统到了汉朝已经完全确立。

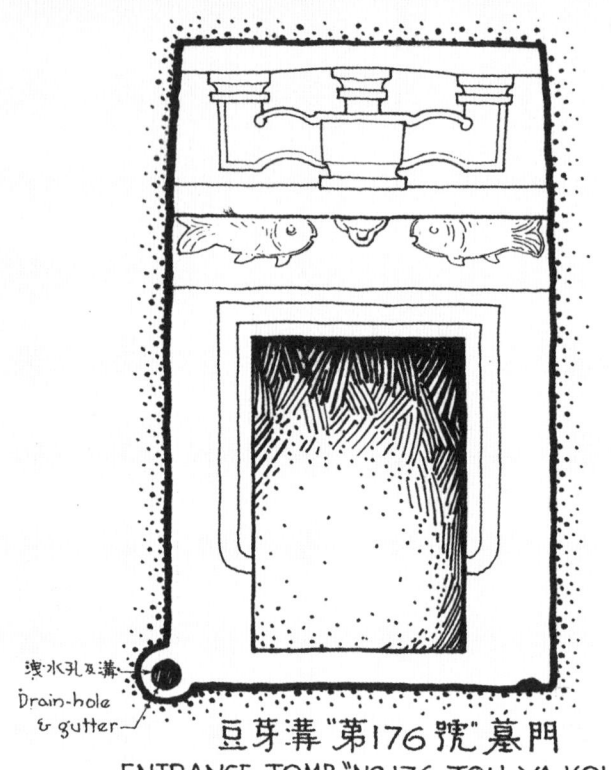

豆芽溝"第176號"墓門
ENTRANCE, TOMB "No. 176, TOU-YA-KOU.

048·366

考古学家发现的明器中有许多陶制的建筑模型和画像砖，使我们具体地看到汉代建筑的形象，由殿宇、堂屋、楼阁、台榭、庭院、门阙、城楼、桥梁到仓廪、厕厕等等。

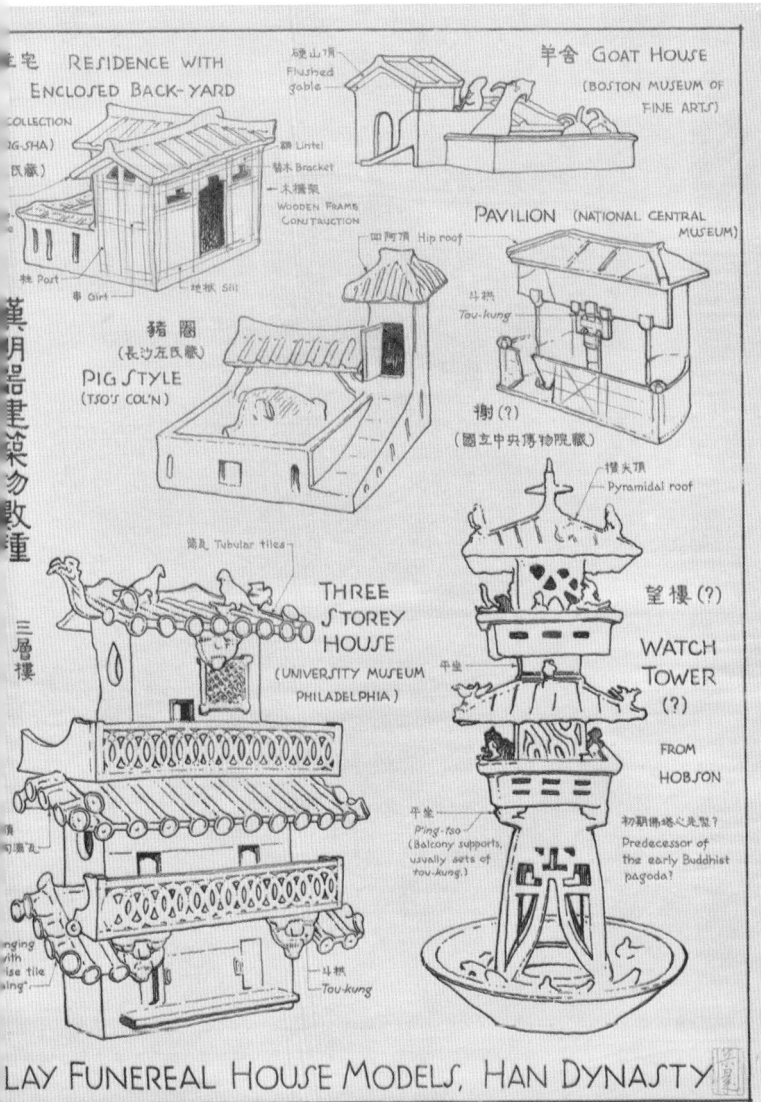

相传在公元67年,天竺高僧迦叶摩腾等来到当时中国的首都洛阳。当时的政府把一个官署鸿胪寺,作为他们的招待所。"寺"本是汉朝的一种官署的名称,但是从此以后,它就成为中国佛教寺院的专称了。按照历史记载,当时的中国皇帝下命令为这些天竺高僧特别建造一些房屋,并且以为他们驮着经卷来中国的白马命名,叫作"白马寺"。

南山裡第四號墓門

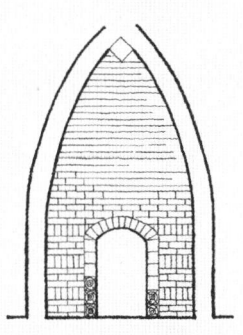
刁家屯漢墓

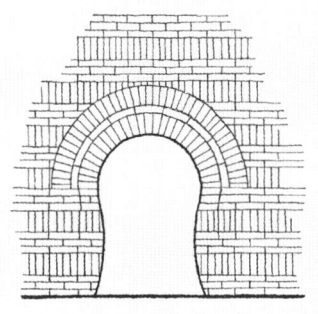
營城子第一號墓門

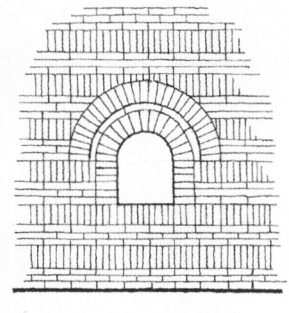
營城子第一號墓門

漢代磚墓券門舉例

052·366

053·366

55·366

056·366

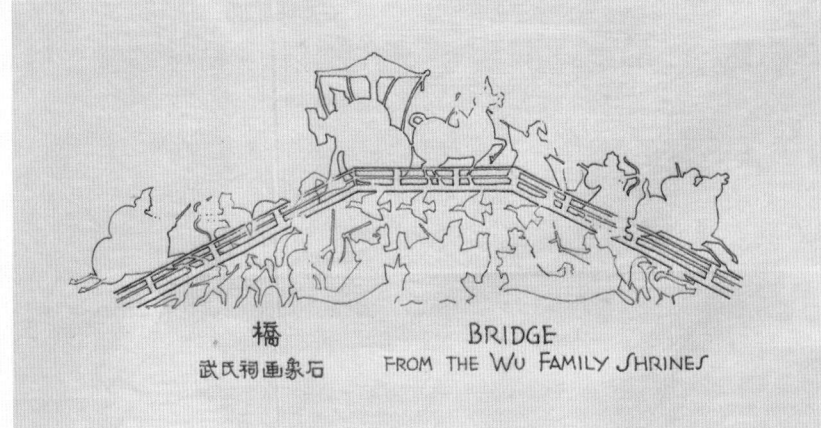

橋
武氏祠画象石
BRIDGE
FROM THE WU FAMILY SHRINES

57·366

重樓
武氏祠畫像石

TWO-STOREYED BUILDING
FROM THE WU FAMILY SHRINES

058·366

三国

三国分裂的时期中,曹魏所据的中原地区有比较优越的人力和物质条件,建筑的规模也比较大。邺城的规划中如皇宫位置在城内中轴的北部,使皇宫面临城内纵横相交的主要干道,居民的坊里布置在城内南部,左右干道的交点布置成坊市的中心等先进的方式,都是隋唐长安的先型。

六朝

六朝的建筑是衔接中国历史上两个伟大文化时期——汉代与唐代——的桥梁,也是这两时期建筑不同风格急剧转变的关键。它是由汉以来旧的、原有的生活习惯、思想意识和新的社会因素,精神上和物质上剧烈的新要求由矛盾到统一过程中的产物。

南朝梁吴平忠侯萧景墓石兽

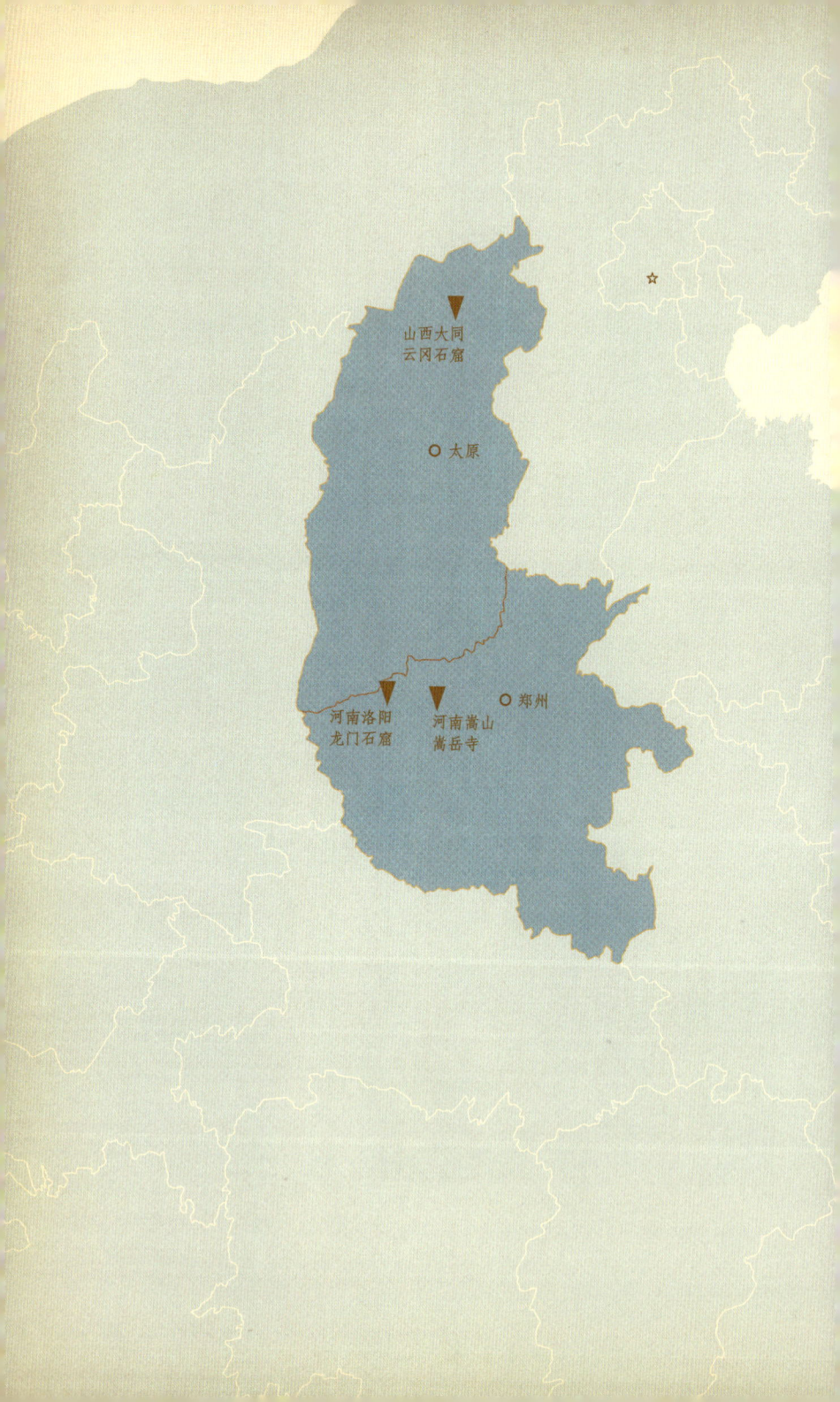

3 / Mar.
北魏、齐梁建筑

梁思成、刘敦桢、林徽因去云冈石窟

3
―
Mar.

M	T	W

T	F	S	S

北魏

云冈大石窟寺

北魏统治者是鲜卑族，尊崇佛教的最早的表现方法之一是在有悬崖处开凿石窟寺。在第5世纪后半叶中，开凿了大同云冈大石窟寺。在今天山西省大同城外的云冈堡，我们可以看到在中国内地最古的石窟群。

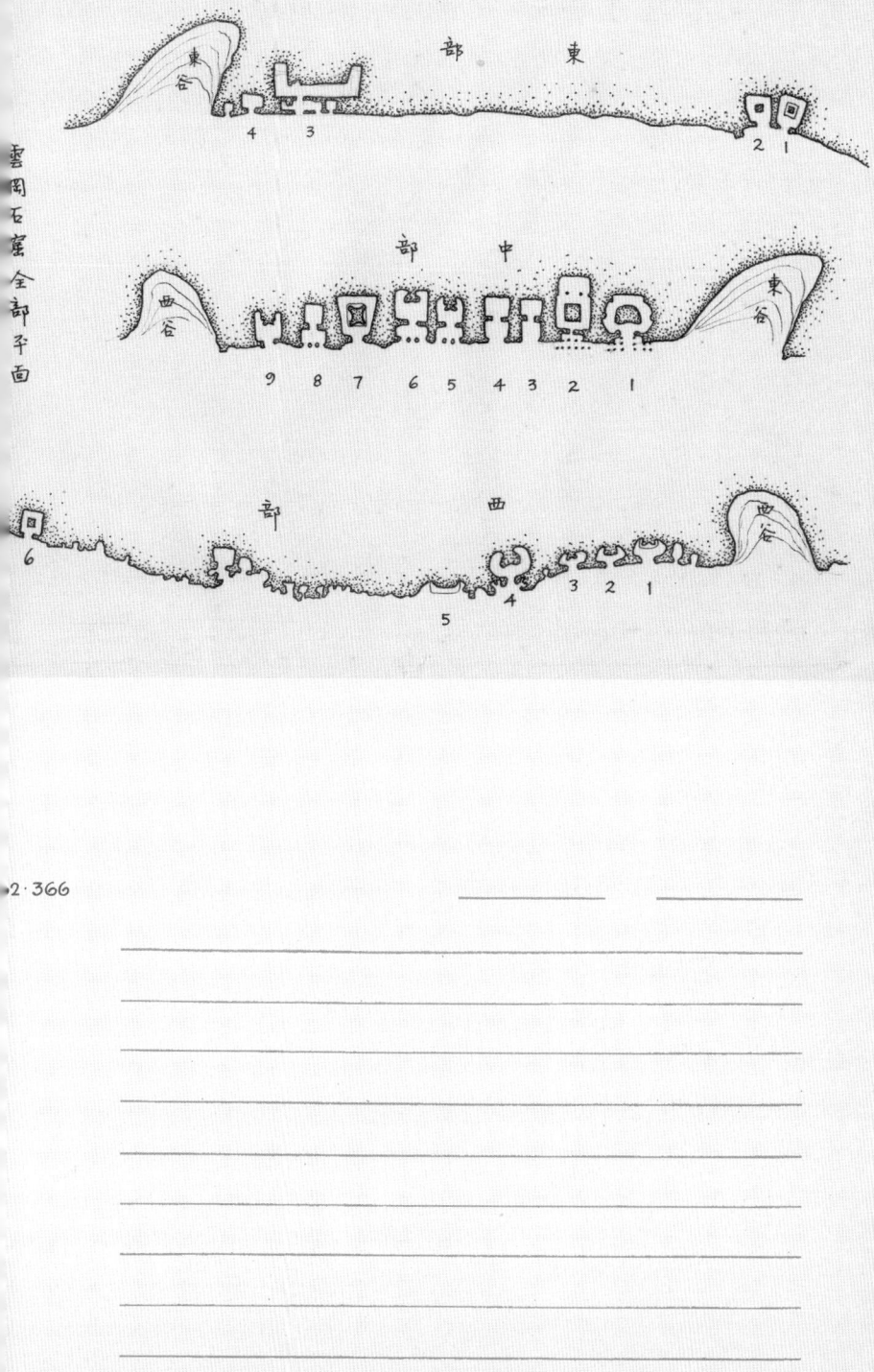

最初或有西域僧人参加,由刻像到花纹都带着浓重的西域或印度手法风格。但由石刻上看当时的建筑,显然完全是中国的结构体系,只是在装饰部分吸取了外来的新式样。

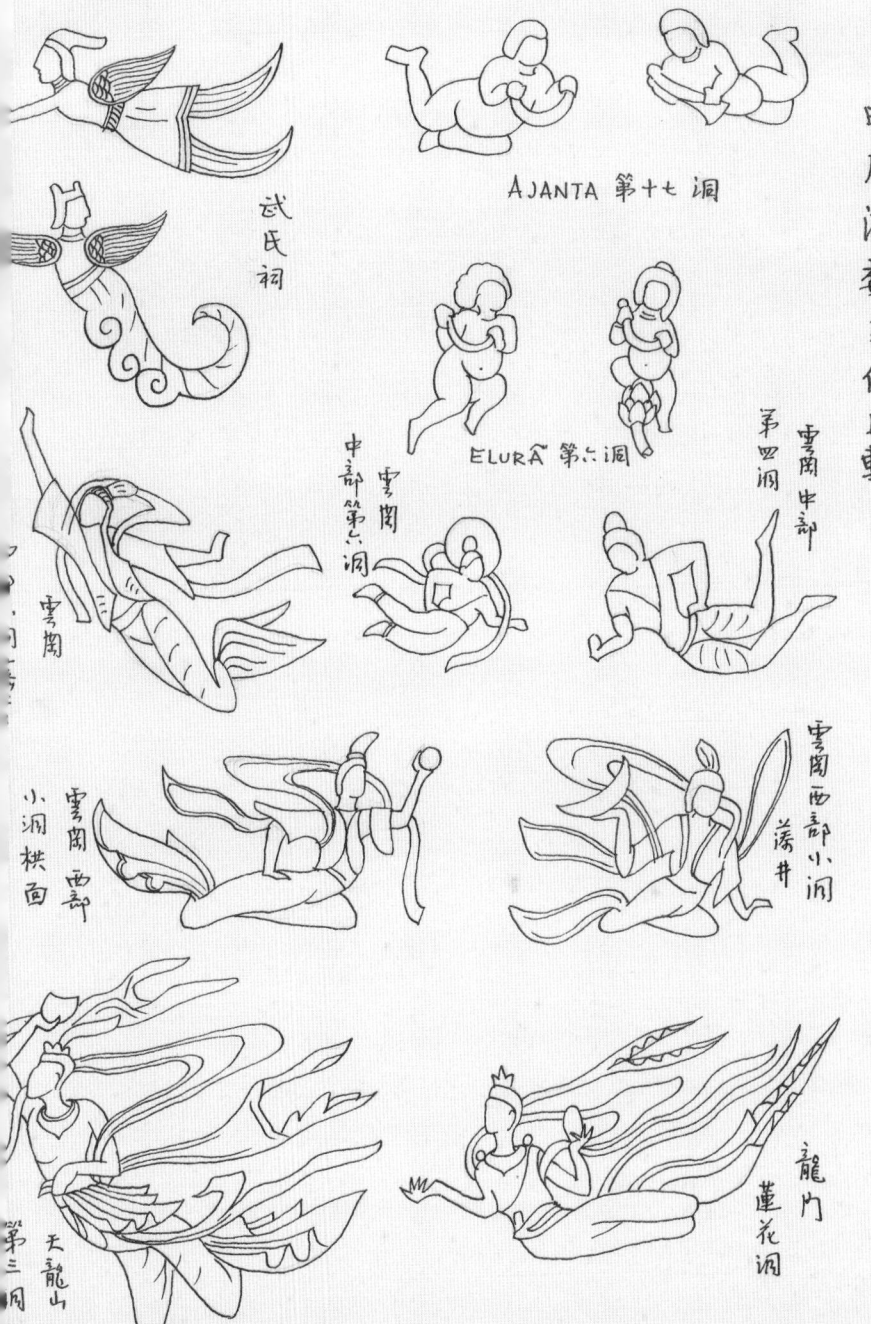

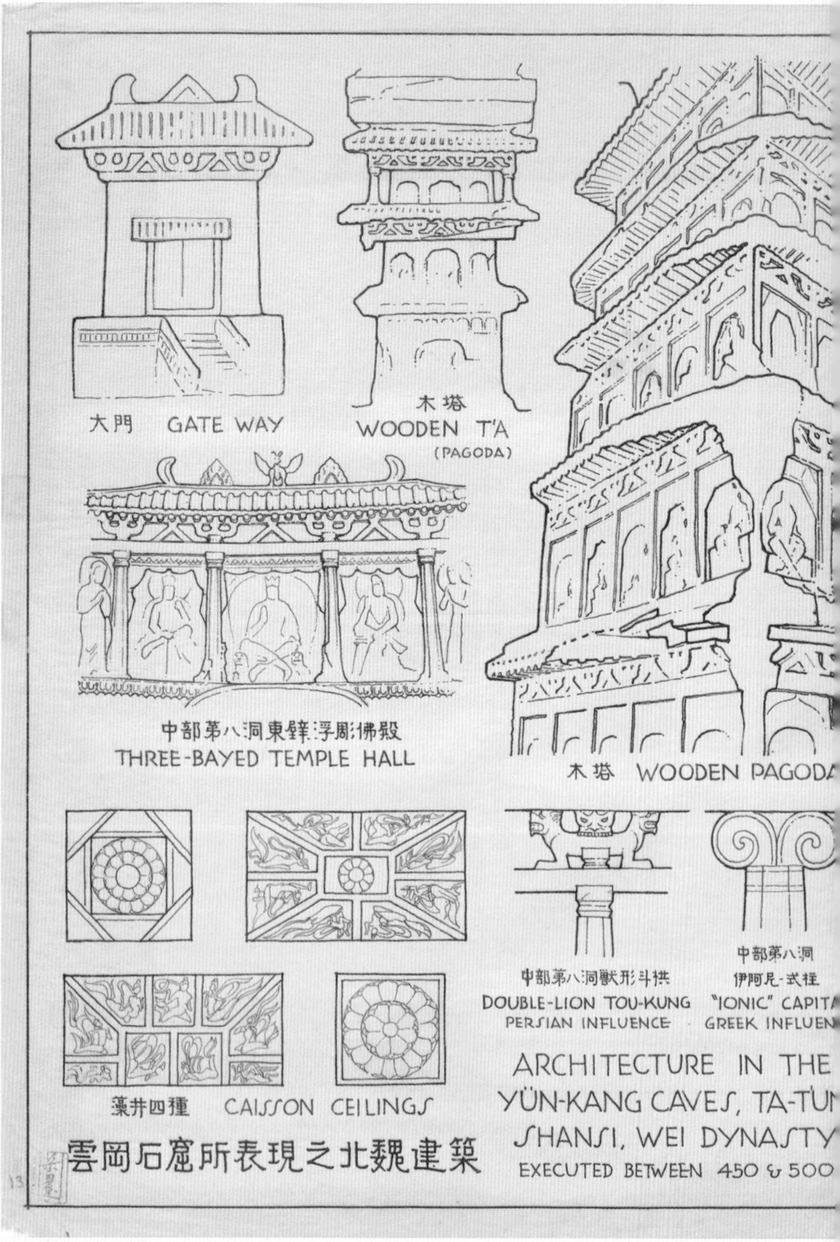

大門 GATE WAY

木塔 WOODEN T'A (PAGODA)

中部第八洞東壁浮彫佛殿
THREE-BAYED TEMPLE HALL

木塔 WOODEN PAGODA

中部第八洞獸形斗栱
DOUBLE-LION TOU-KUNG
PERSIAN INFLUENCE

中部第八洞
伊阿尼式柱
"IONIC" CAPITAL
GREEK INFLUENCE

藻井四種 CAISSON CEILINGS

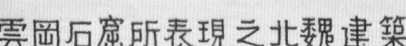
雲岡石窟所表現之北魏建築

ARCHITECTURE IN THE YÜN-KANG CAVES, TA-TUNG SHANSI, WEI DYNASTY
EXECUTED BETWEEN 450 & 500

在长约一公里的石崖上，北魏的雕刻家们在短短的五十年间（大约从公元450—500年）开凿了大约两打大小不同的石窟和为数甚多的小壁龛。其中最大的一座佛像由于它的巨大的尺寸就不得不在外面建造木结构的窟廊。现在这些窟廊均已毁坏无遗。

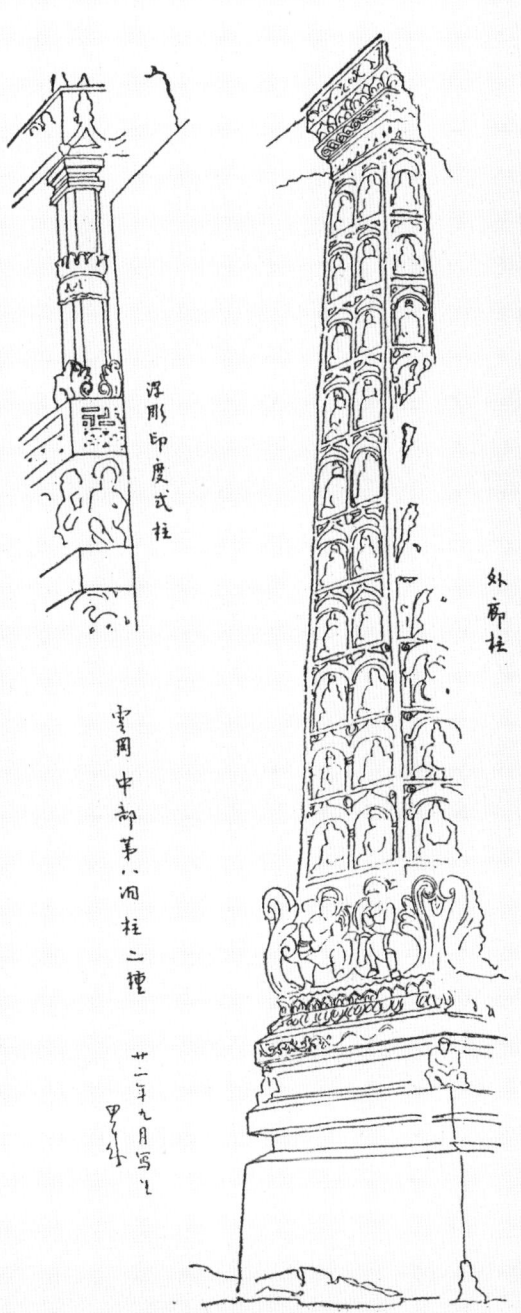

从云冈的石窟看来，我们可以看到印度石窟这一概念到了中国以后，在形式上已经起了很大的变化。例如印度的支提窟平面都是马蹄形的，内部周围有列柱。但在中国，它的平面都是正方或长方形的，而用丰富的浮雕代替了印度所用的列柱。

五面券　FIVE-SIDED ARCH WITH
券面作斜方格　TRAPEZOIDAL PANED EXTRADOS

扁楕圓券　FLAT ELLIPTICAL ARCH
券面作蓮瓣形　LOTUS-PETAL-SHAPED EXTRADOS

山西大同 雲岡石窟壁龕 二種
NICHES FROM YUN-KANG, ~
TA-TUNG, SHANSI.

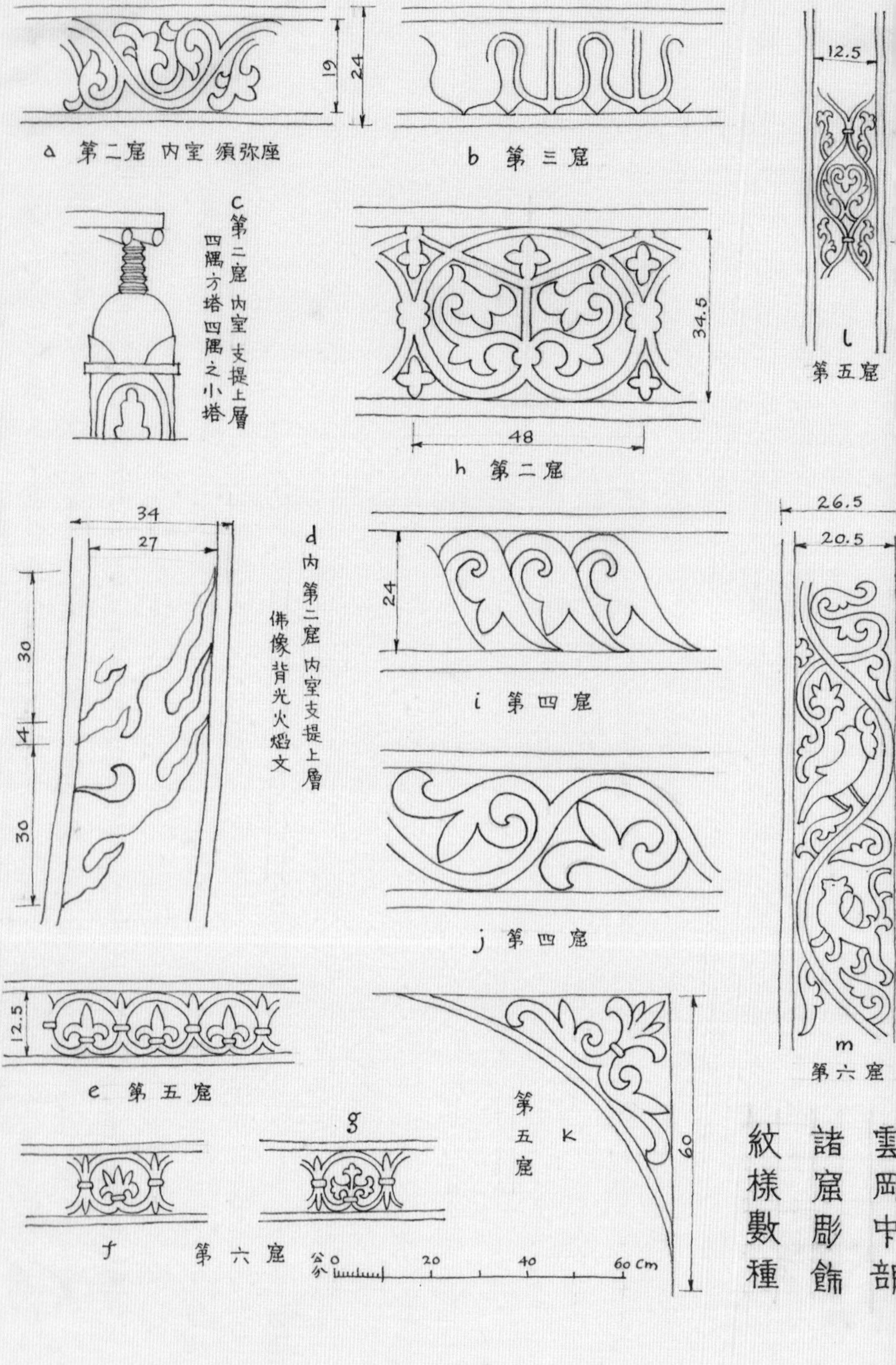

a 第二窟 内室 須弥座

b 第三窟

c 第二窟 内室 支提 四隅方塔 四隅之小塔

h 第二窟

d 内第二窟 内室支提上層 佛像背光火燄文

i 第四窟

j 第四窟

e 第五窟

f 第六窟

g

K 第五窟

l 第五窟

m 第六窟

雲岡中部
諸窟彫飾
紋樣數種

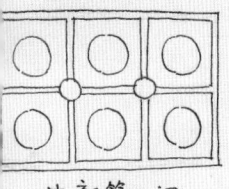
中部第三洞

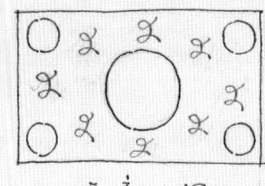
西部小洞

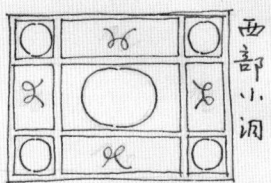
西部小洞

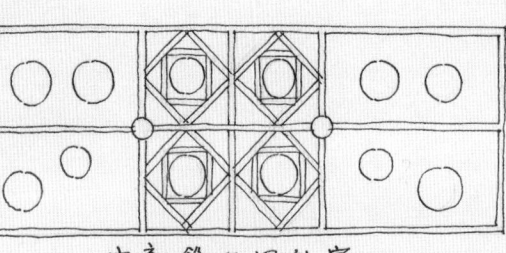
中部第五洞外室

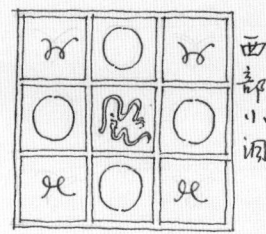
西部小洞

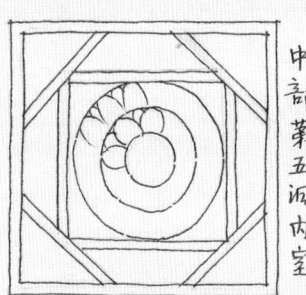
中部第五洞内室

西部小洞

符號　○蓮花　飛仙　龍

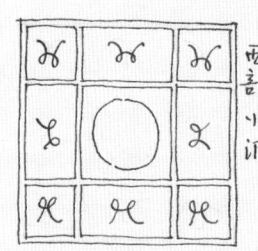
西部小洞

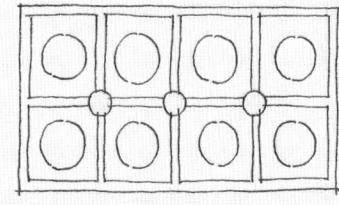
外室　中部第九洞

雲岡石窟藻井分劃法數種

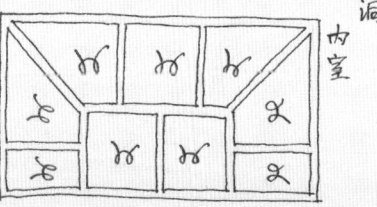
内室

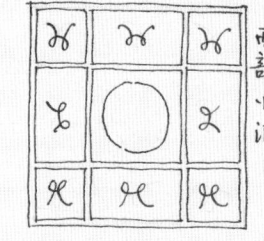
西部小洞

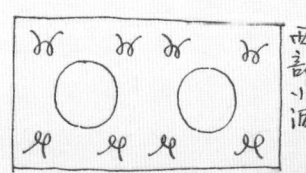
西部小洞

071·366

72·366

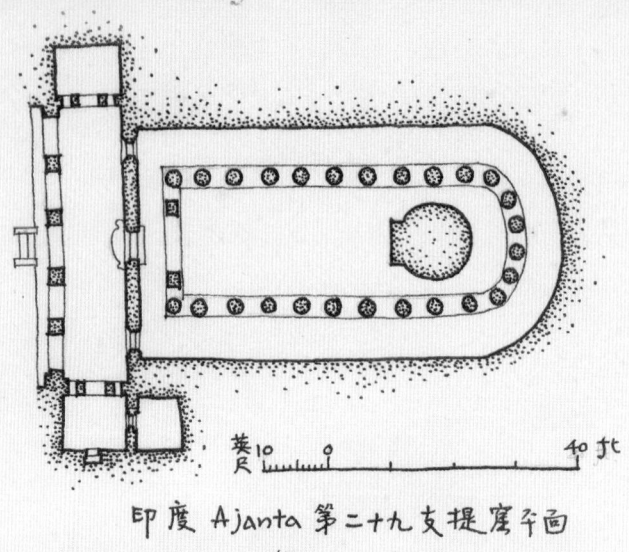

印度 Ajanta 第二十九支提窟平面
(Fergusson)

073·366

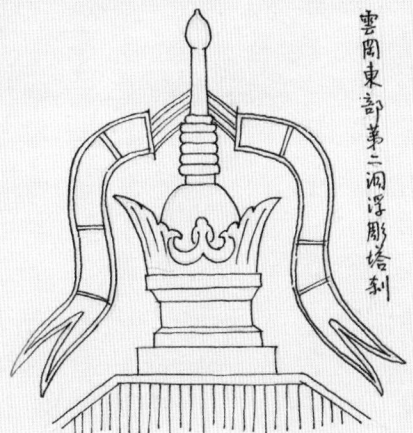

雲岡東部第二洞浮彫塔刹

波斯 PERSEPOLIS 獸形柱頭二種　　雲岡中部第八洞 獸形斗栱

波斯式獸形柱頭

中部第八洞 IONIC 式柱　　TEMPLE OF NEANDRIA IONIC 式柱

希腊之 IONIC 式柱頭

075·366

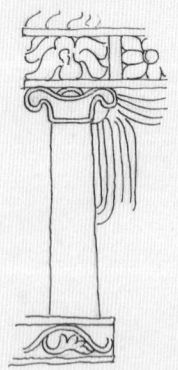 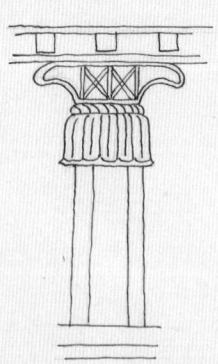

中部第二洞南壁　　Bharhut Stupa 石刻

印度"元寶式"柱頭

值得注意的是，在石窟建筑的处理上，和浮雕描绘的建筑上，我们看到了许多从西方传来的装饰母题。例如佛像下的须弥座、卷草、哥林特式的柱头，爱奥尼亚的柱头，和希腊的雉尾和箭头极其相似的莲瓣装饰，以及那些连环璎珞等等，都是中国原有的艺术里面未曾看见过的。这些新题材、新变化流传直至今日。

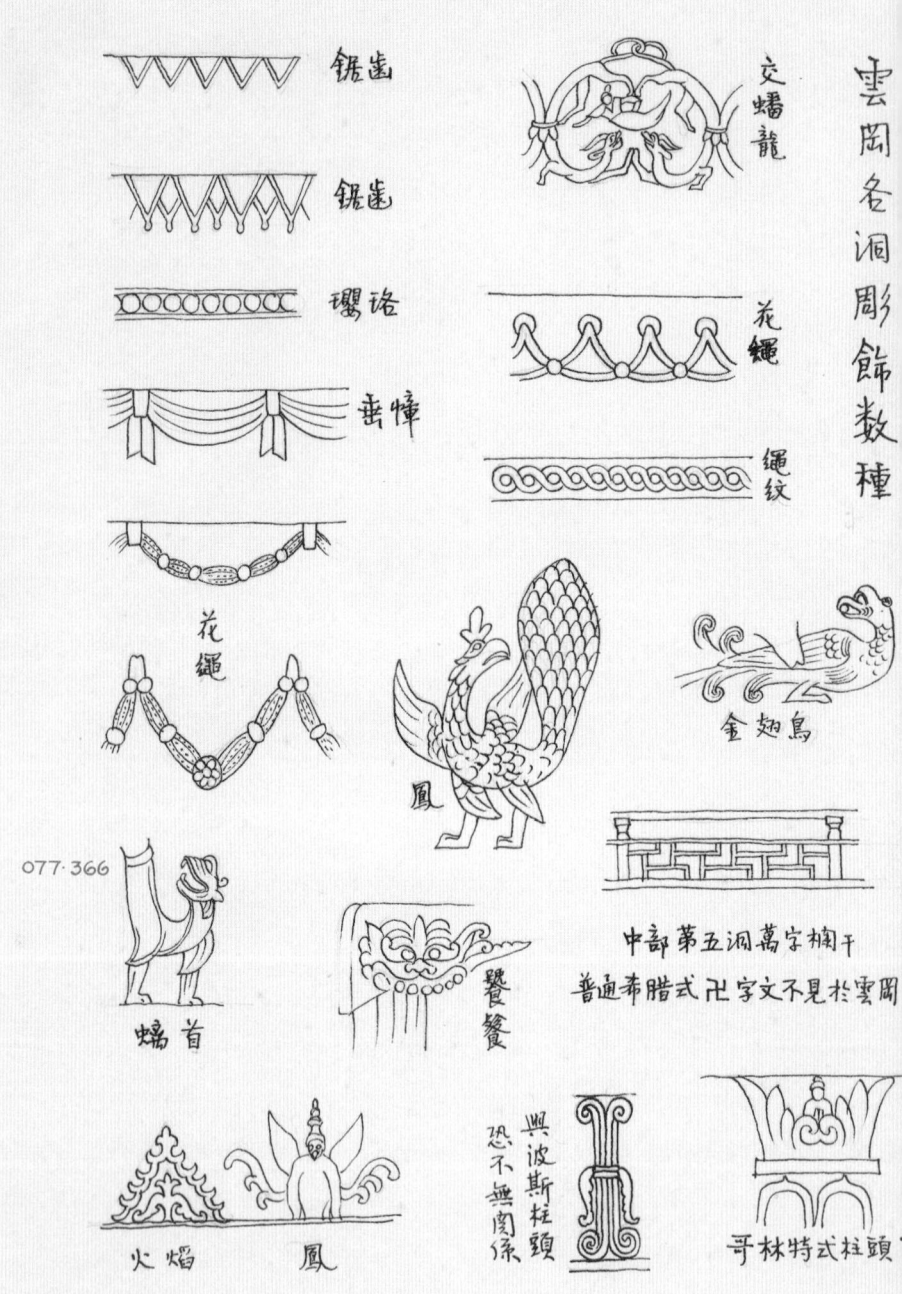

78·366

龙门石窟

在公元500年前后，又在洛阳开凿龙门石窟。龙门石窟中不但建筑是原来中国体系的，就是雕刻佛像等等，也有强烈的汉代传统风格。表现的手法很明显是在汉朝刻石的基础上发展起来的。在敦煌石窟壁画上所见也证明在木构建筑方面，当时澎湃的外来的艺术影响并没有改变中国原有的结构方法和分配的规律。

洛阳石窟不像云冈石窟那样采用了大量的建筑形式，而着重在佛像雕刻上。尽管如此，龙门石窟的内部还是有不少的建筑艺术处理的。

80·366

龙门石窟内部的建筑处理

龙门石窟莲花洞浮雕

嵩山嵩岳寺砖塔

这时期最富有创造性而杰出的建筑物应提到嵩山嵩岳寺砖塔。它建于公元520年,是国内最古的砖塔。在造型上,它是中国建筑第一次,也是唯一的一次试用十二角形的平面来代替印度窣堵坡的圆形平面,用高高的基座和一段塔身来代表"窣堵坡"的基座和"覆钵"(半球形的塔身),上面十五层密密的中国式出檐代表着"窣堵坡"顶上的"刹"。

嵩山嵩岳寺塔

嵩山嵩岳寺塔细部

河南登封嵩山 嵩嶽寺塔詳部

不但这是一个空前创作,而且在中国的建筑中,也是第一个砖造的高度达到近乎四十公尺的高层建筑,它标志着在砖石结构的工程技术上飞跃地向前跨进了一大步。

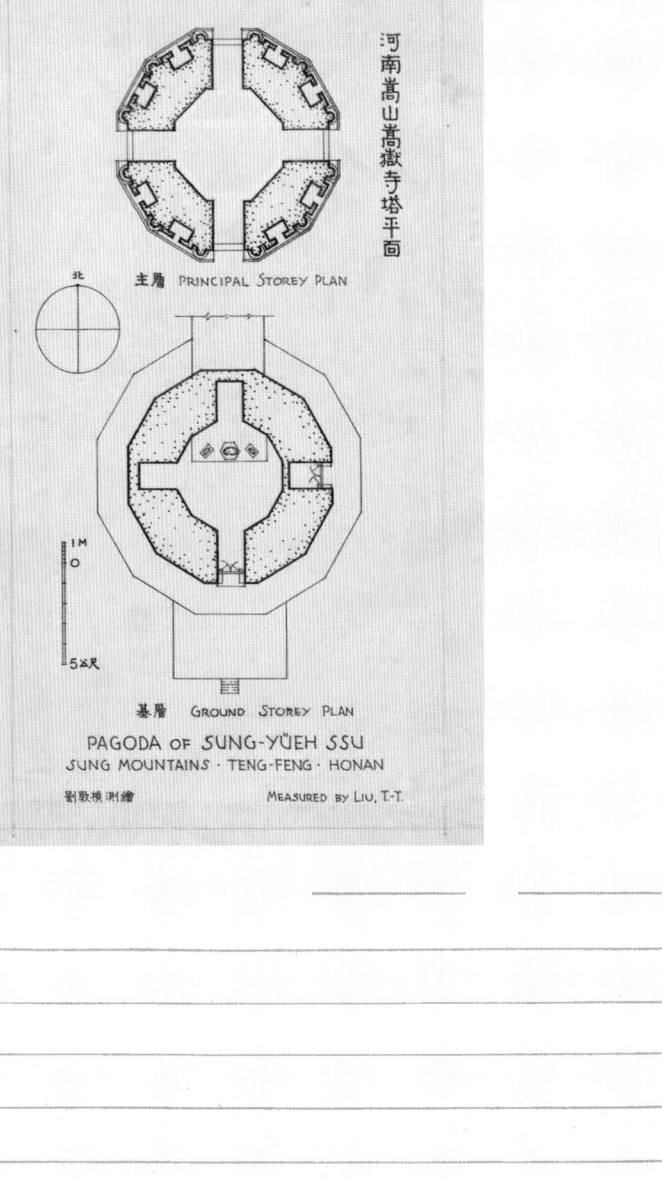

石柱和石兽

从今天所仅存的建筑附属艺术实物看来，如南京齐、梁陵墓前面，劲强有力，富于创造性的石柱和石兽等，当时南朝在木构建筑上也不可能没有解决新问题的许多革新和创造。

河北定兴县义慈惠石柱（北齐）

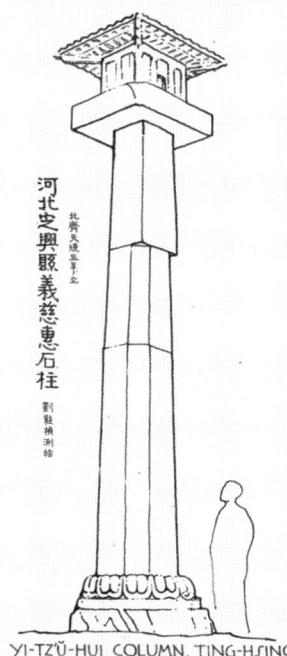

YI-TZŬ-HUI COLUMN, TING-HSING, HOPEI. NORTH TS'I DYNASTY, 569 A.D.
MEASURED BY LIU, T.T.

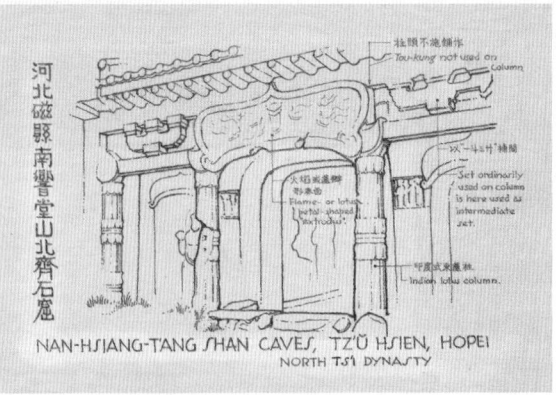

天龙山第二窟北齐雕像

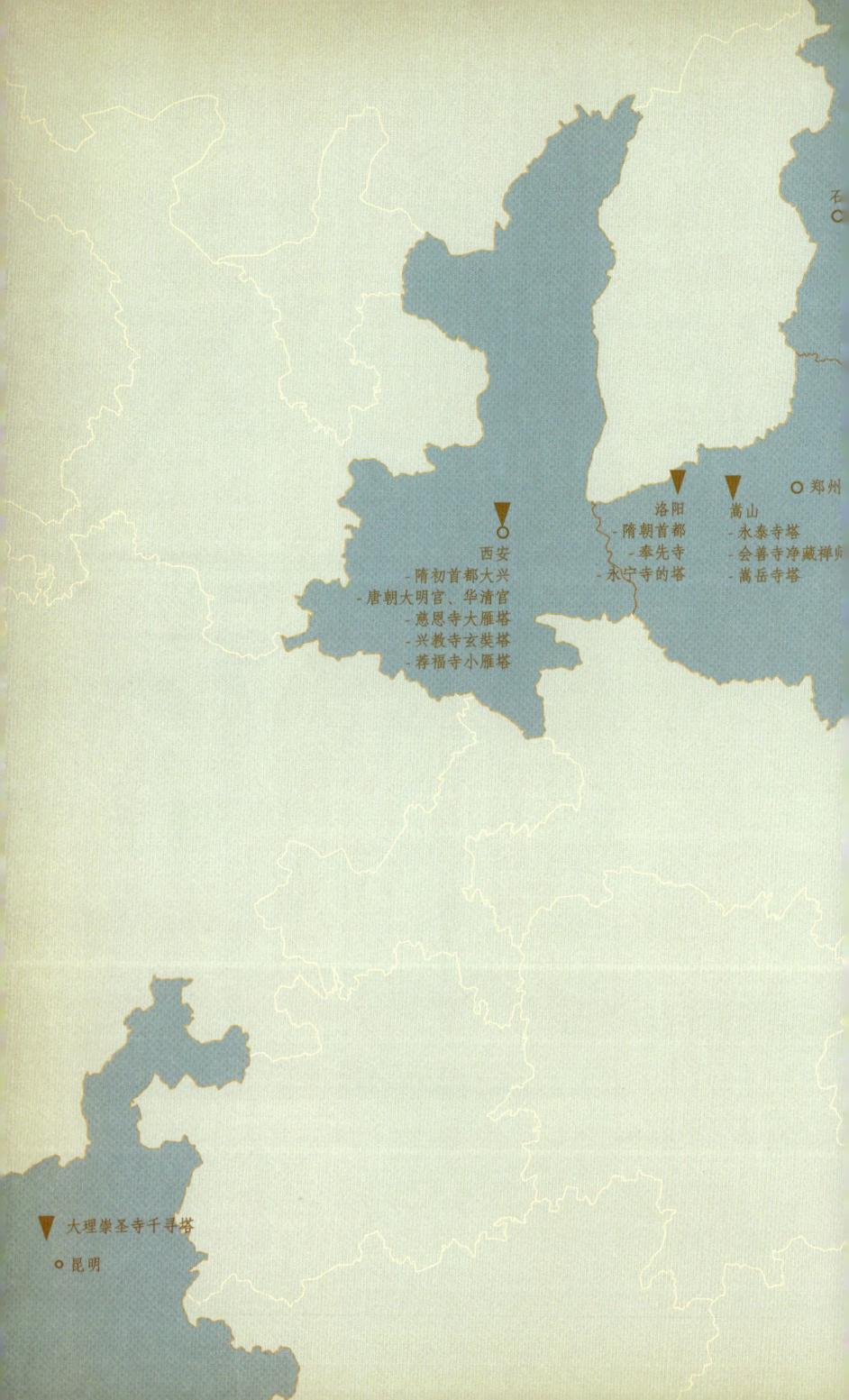

济南
-历城九塔寺塔

4 / Apr.

隋唐建筑

梁思成在赵州桥

4
―
Apr.

M	T	W

T	F	S	S

隋

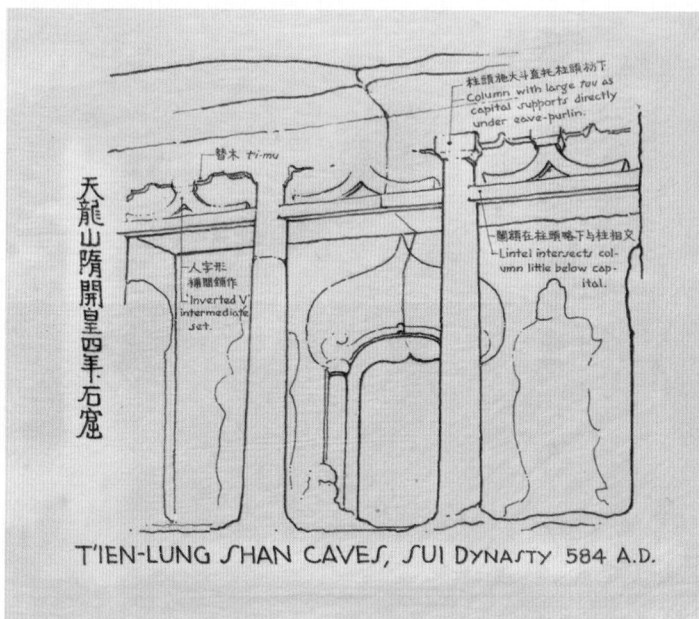

到了隋统一全国后,宫廷就占有南北最优秀的工艺匠人。杨广(隋炀帝)的大兴土木,建东京洛阳,营西苑时期,就有迹象证明在建筑上模仿了南朝的一些宫苑布局,南方的艺匠在其中也起了很大作用。就是在这时期一位天才石匠李春给我们留下了可称世界性艺术工程遗产的河北赵县的大石桥。

20世纪60年代重修赵州桥时在河底挖出的辽代栏板

赵州桥

大石桥（赵州桥）

这座桥是跨在河北赵县水上的。主券由 28 道独立石券并列组成。这位匠师显然深知各道券有向外离散的危险，所以将桥面部分造得略窄于下端，从而使各道石券都略向内倾，以克服其离心倾向。然而，他的预见和智慧未能完全经受住时间和自然的考验，西侧的五券终于在 16 世纪坍塌（不久即修复），而东侧的三券也在 18 世纪坍塌。

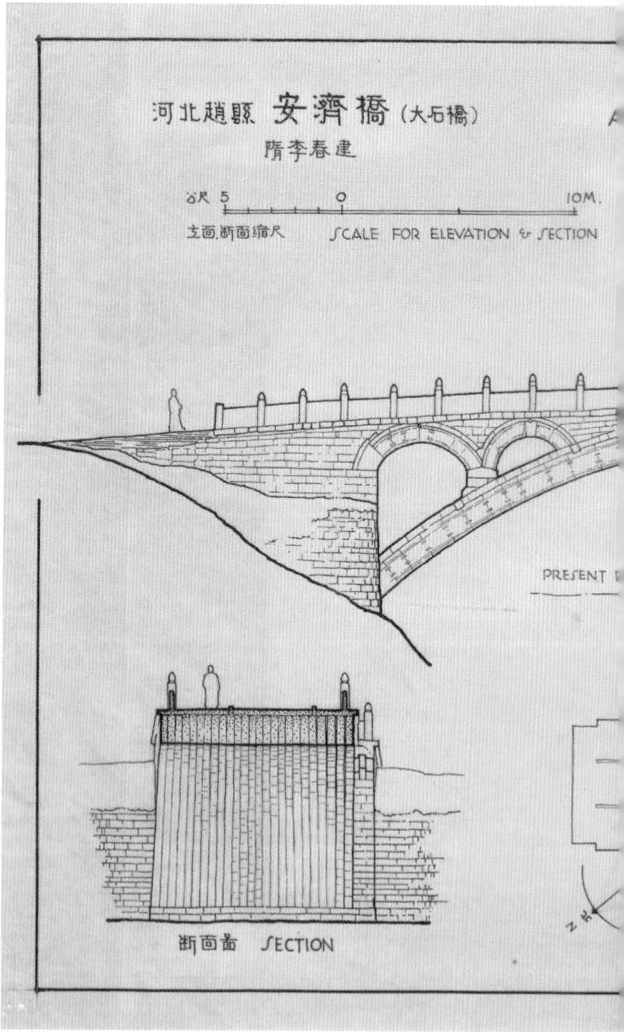

河北趙縣 安濟橋 (大石橋)

隋李春建

SCALE FOR ELEVATION & SECTION

立面,斷面縮尺

PRESENT

斷面圖 SECTION

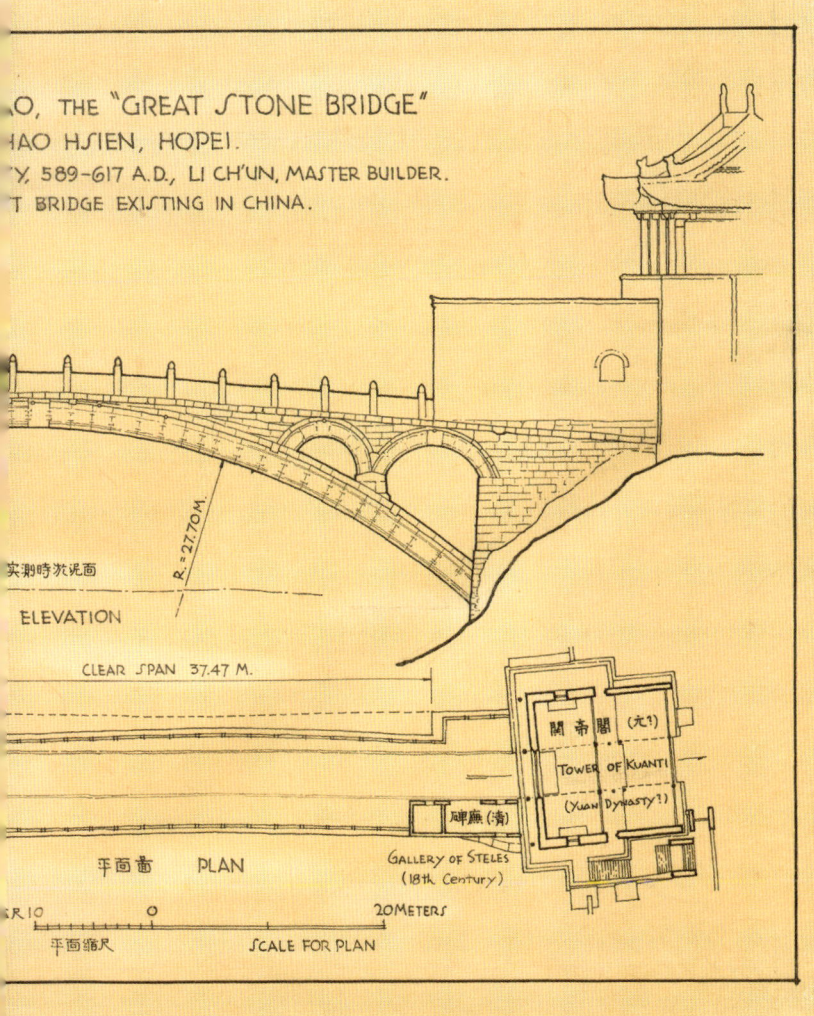

当隋初统一南北建国时期计划了后来成为唐长安的大兴城时,是有意识地要表现"皇王之邑"。因此建造的是都城、皇城、宫城、正朝、府寺、百司、公卿邸第、民坊、街市等等——明明白白的是封建政权的秩序所需要的首都建设。

唐

唐初继承了这样一个首都。最主要的修建就是改大兴殿为太极殿,左右添了钟楼、鼓楼,使耸起的形象更能表现中央政权的庄严。

100·366

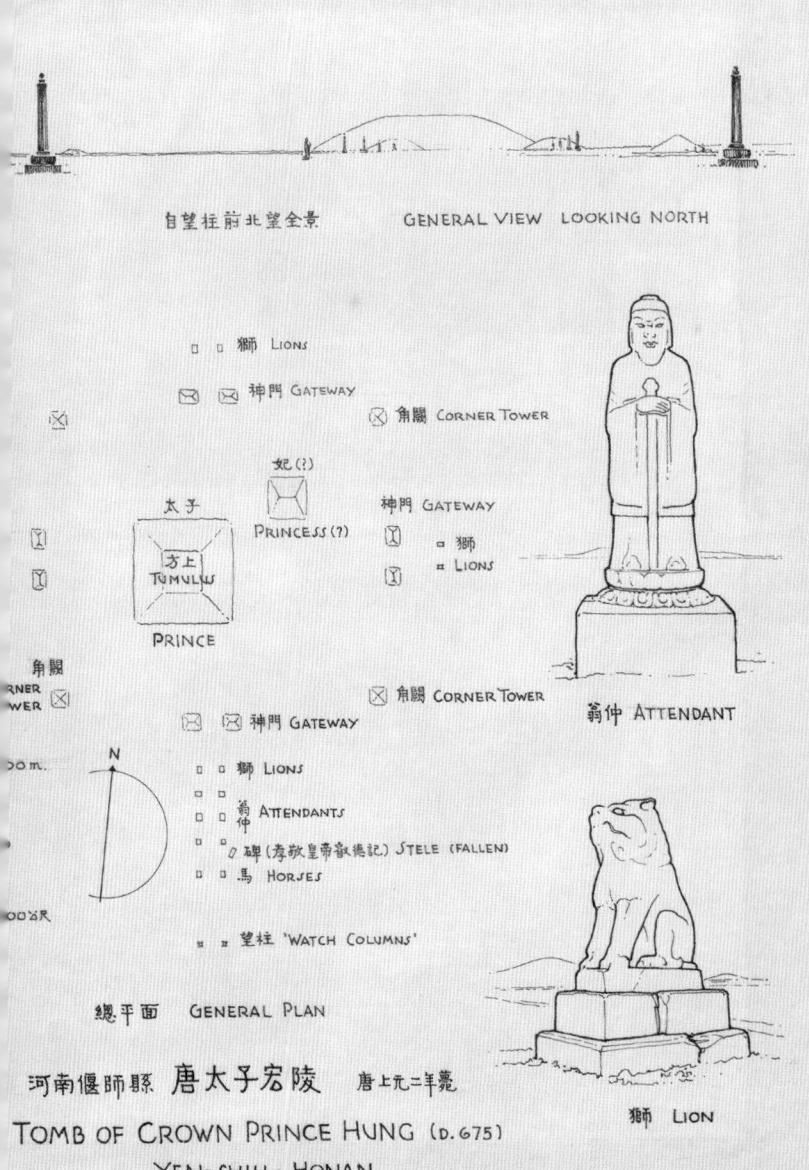

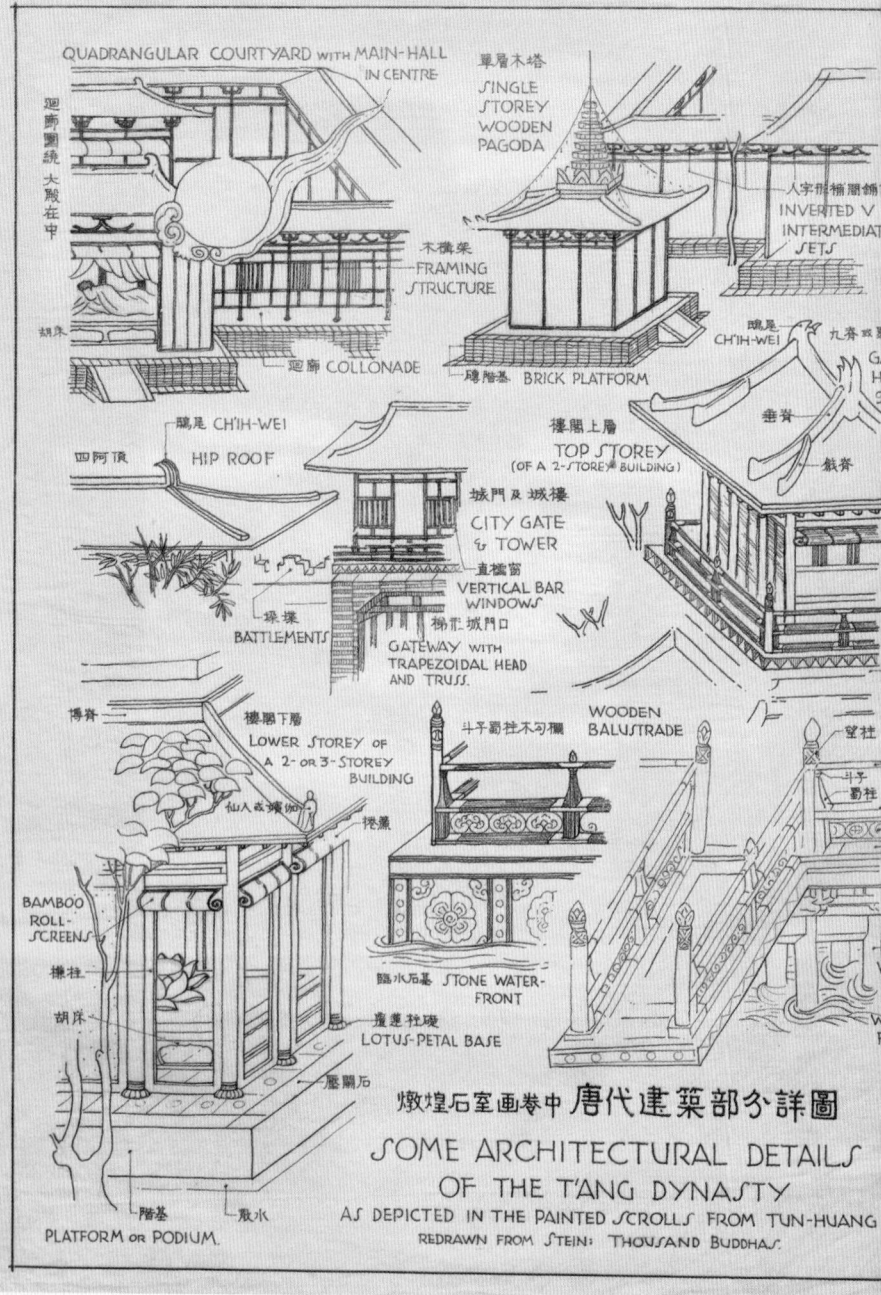

大明宫	新建的大明宫在一条南北中线上立了一系列的大殿，每殿是一组群，前面有门，最南面是丹凤门和含元殿。大殿就立在龙首山的东趾上，"殿陛高于平地四十余尺"，左右有"砌道盘上，谓之龙尾道"。殿左右有两阁，阁殿之间用"飞廊"相接。这样的形象魁伟，气魄雄宏的规模，是过去汉未央宫开国气概的传统。
华清宫	举宫廷最优秀的艺匠为唐玄宗在骊山建筑华清宫，这样著名的艺术组群，据记载是"骊山上下，益置汤井为池，台殿环列山谷"，并且一切是"制作宏丽"，"雕镌巧妙"，"殆非人功"的艺术创造。

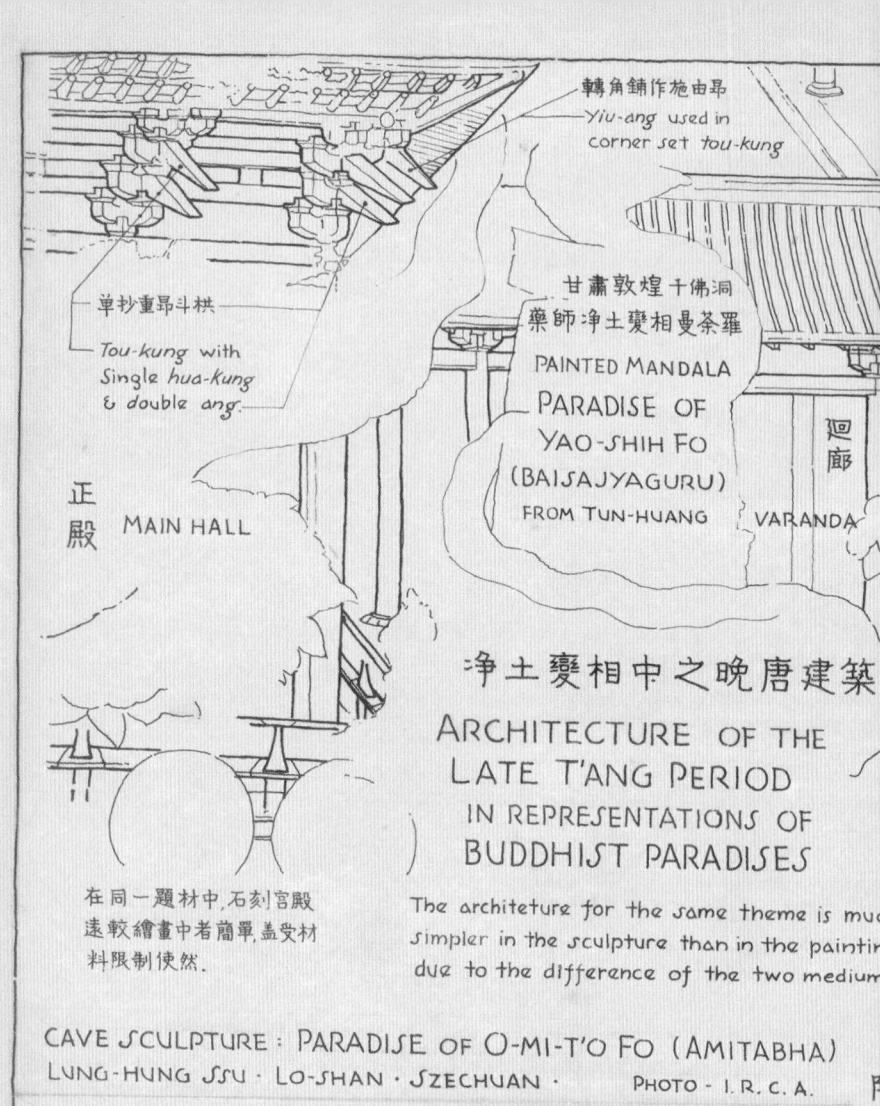

轉角鋪作施由昂
Yiu-ang used in corner set tou-kung

單抄重昂斗栱
Tou-kung with Single hua-kung & double ang

正殿 MAIN HALL

甘肅敦煌千佛洞
藥師淨土變相曼荼羅
PAINTED MANDALA PARADISE OF YAO-SHIH FO (BAISAJYAGURU) FROM TUN-HUANG

迴廊 VARANDA

淨土變相中之晚唐建築
ARCHITECTURE OF THE LATE T'ANG PERIOD IN REPRESENTATIONS OF BUDDHIST PARADISES

在同一題材中,石刻宮殿遠較繪畫中者簡單,蓋受材料限制使然.

The architeture for the same theme is much simpler in the sculpture than in the painting due to the difference of the two medium

CAVE SCULPTURE: PARADISE OF O-MI-T'O FO (AMITABHA)
LUNG-HUNG SSU · LO-SHAN · SZECHUAN ·   PHOTO - I. R. C. A.

唐朝的砖塔大致可分为四个类型:

(一)"重楼式"塔,如西安慈恩寺的大雁塔和兴教寺的玄奘塔等。它们的形式像层层叠起的四方形重楼,外表用砖砌成木结构的柱、枋、斗栱等形象。这两座塔都建于7世纪后半叶和8世纪初年。它们是砖造佛塔中最早砌出木构形式的范例。

西安大雁塔

云南大理崇圣寺千寻塔

（二）"密檐式"塔，如西安荐福寺的小雁塔，河南嵩山永泰寺塔和云南大理崇圣寺的千寻塔等。这个类型都在较高的塔身上出十几层的密檐，一般没有木结构形式的表面处理。以上两个类型平面都是正方形的，全塔是一个封顶的"砖筒"，内部用木楼板和木楼梯。

（三）八角形单层塔，嵩山会善寺净藏禅师塔是这类型的孤例。它是五代以后最通常的八角塔的萌芽。

（四）群塔，山东历城九塔寺塔，在一个八角形塔座上建九个小塔，是明代以后常见的金刚宝座塔的先驱。自从嵩山嵩岳寺塔建成到玄奘塔出现的一百五十年间，没有任何其他砖塔存留到今天，更证明嵩岳寺塔是一次伟大的尝试。

嵩山会善寺净藏禅师塔

佛教建造的有在龙门崖上凿造的巨大石像和窟外的奉先寺（寺的木构部分已不存，但这组巨像是唐代雕刻得以保存到今天的最可珍贵的实物之一）。

龙门卢舍那巨型群像

唐朝著名的诗人杜牧，在他的一首诗中就有"南朝四百八十寺"这样一个名句。这说明在当时中国的首都建康（今天的南京），佛教建筑的活动是十分活跃的。

与此同时，统治着中国北方的，由北方下来的鲜卑族拓跋氏皇帝，在他们的首都洛阳，也建造了一千三百个佛寺。其中一个著名的佛塔，永宁寺的塔，一座巨大的木结构，据说有几层高，从地面到刹尖高一千尺，在一百里以外（约五十公里）就可以看见。虽然这种尺寸肯定的是夸大了的，不过它的高度也必然是惊人的。

像永宁寺塔这样的木塔，就是笮融的那个"上累金盘下为重楼"那一种塔所发展到的一个极高的阶段。遗憾的是，这种木塔今天在中国已经没有一个存在。

日本的这些木塔虽然在年代上略晚几十年乃至一二百年，但是由于这种塔型是由中国经由朝鲜传播到日本去的，所以从日本现存的一些飞鸟、白凤时代的木塔上，我们多少可以看到中国南北朝时期木塔的形象。此外，在敦煌的壁画里，在云冈石窟的浮雕里，以及云冈少数窟内的支提塔里，也可以看见这些形象。用日本的实物和中国这些间接的资料对比，我们可以肯定地说，中国初期的佛塔，大概就是这种结构和形象。

日本奈良法隆寺五重塔刹　　云冈石窟中部第七洞 浮雕七层塔

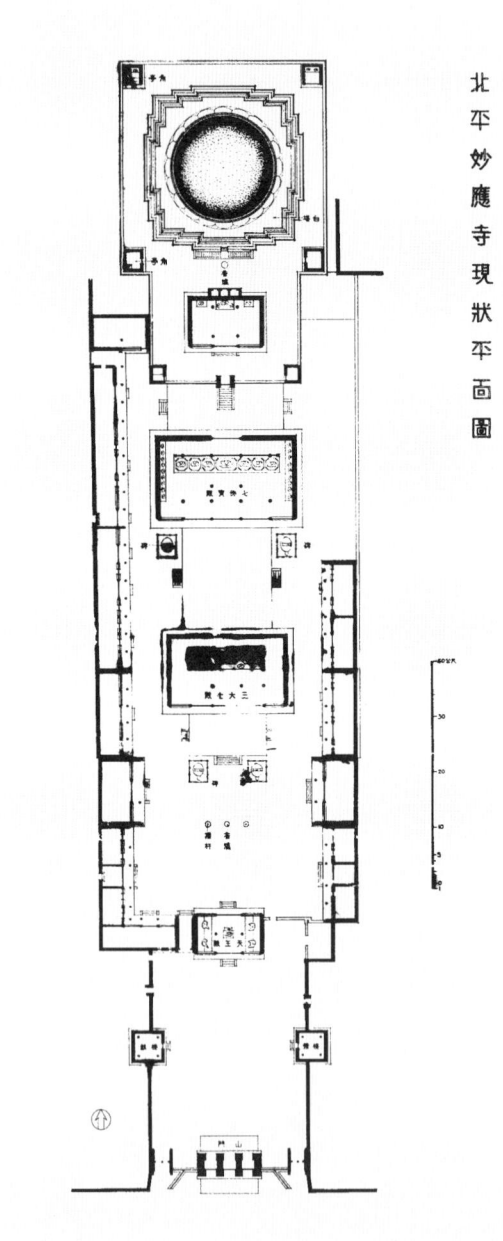

佛寺布局

佛寺的布局，基本上是采取了中国传统世俗建筑的院落式布局方法。一般地说，从山门（即寺院外面的正门）起，在一根南北轴线上，每隔一定距离，就布置一座殿堂，周围用廊庑以及一些楼阁把它们围绕起来。这些殿堂的重要性，一般的是逐步加强，往往到了第三或第四个殿堂才是庙宇的主要建筑——大雄宝殿。

大雄宝殿的后面，在规模比较大的寺院可能还有些建筑。这些殿堂和周围的廊庑楼阁等就把一座寺院划为层层深入、引人入胜的院落。

在最早的佛寺建筑中，佛塔的位置往往是在佛寺的中轴线上的，有时在山门之外，有时在山门以内。但是后来佛塔就大多数不放在中轴线上而建立在佛寺的附近，甚至相当距离的地方。

在两千年的发展过程中，中国的佛教建筑，经过一代代经验的积累，不断地发展，不断地丰富起来，给我们留下了很多珍贵的遗产。在不同的地区、不同的时代，由于不同的社会的需要，不同的技术科学进步，佛教建筑也同其他建筑一样，产生了许多不同的结构布局和不同的形式、风格。

在唐朝长安（今天的西安）城里的一百一十个坊中，每一个坊里至少有一个以上的佛寺，甚至于有一个佛寺而占用整个一坊的土地的（如大兴善寺就占靖善坊一坊之地）。

这些佛寺里除造像外大部分都有塔、有壁画、有佛像。这些壁画和造像大多是当时著名的艺术家的作品。中国古代一部著名的美术史《历代名画记》里所提到的名画以及著名雕刻，绝大部分是在长安的佛寺里的。

著名的敦煌千佛洞就位置在戈壁大沙漠的边缘上。敦煌的位置可以和十九世纪以后的上海相比拟，戈壁沙漠像太平洋一样，隔开了也联系了东西的交通。敦煌是走上沙漠以前的最后一个城市，也是由西域到中国来的人越过了沙漠以后的第一个城市。

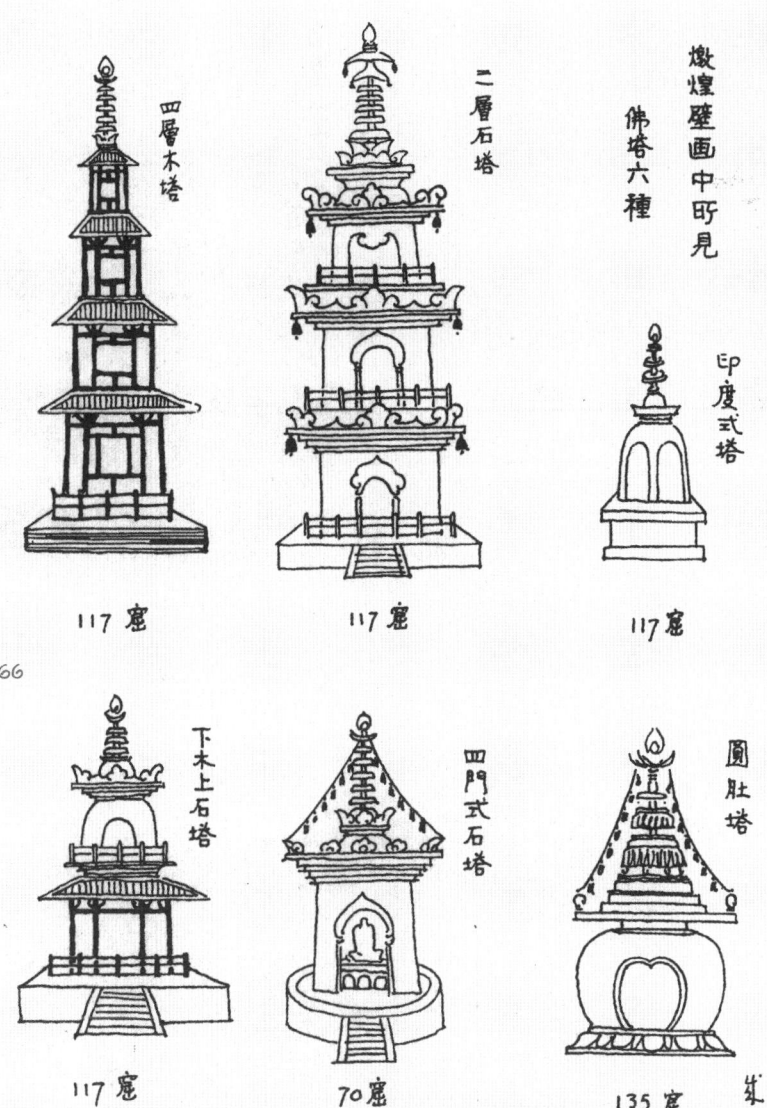

敦煌

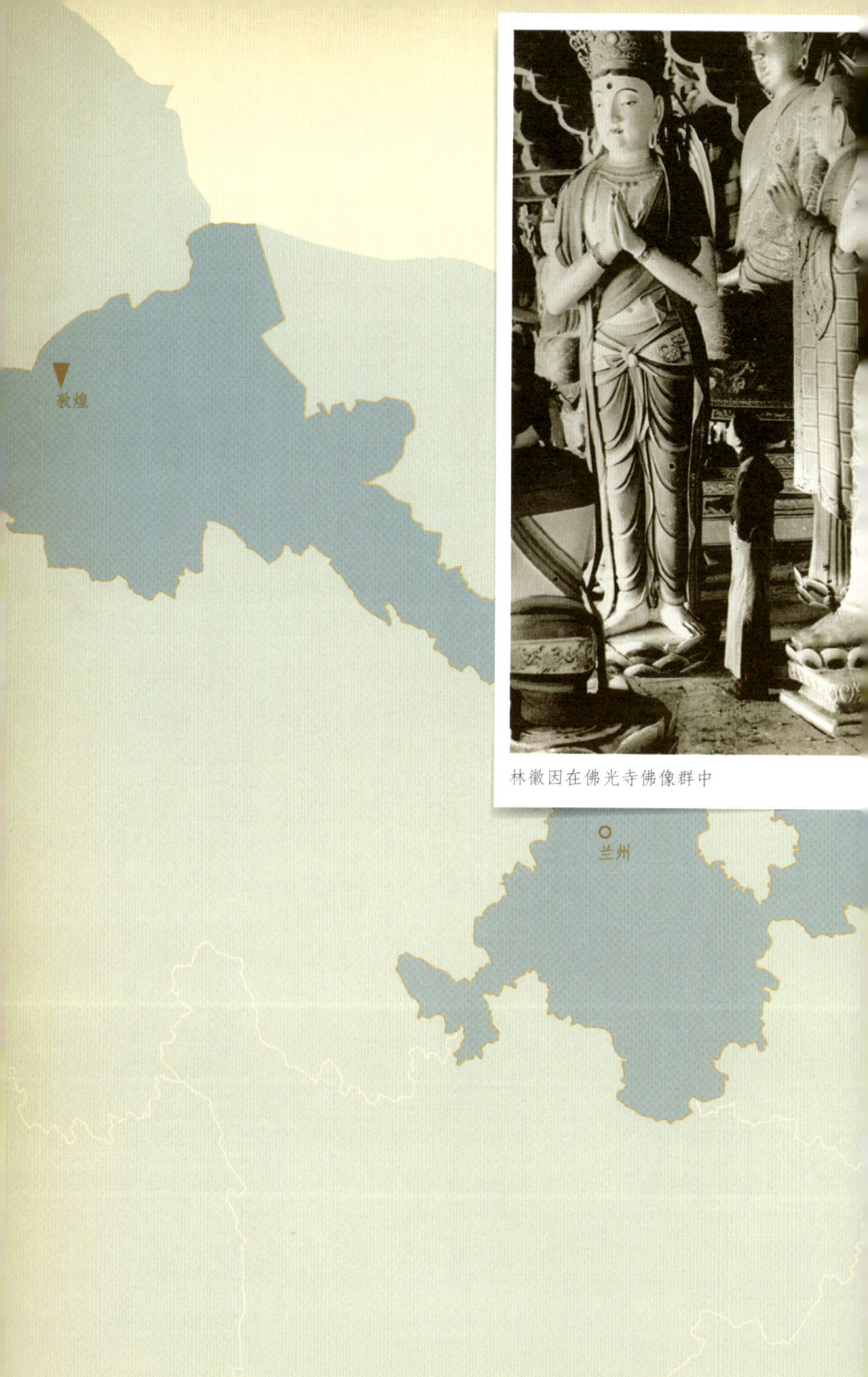

林徽因在佛光寺佛像群中

○兰州

5 / May.

唐——五代十国建筑

▼ 五台山
- 大佛光寺
- 南禅寺

○ 太原

5

May.

M	T	W

T	F	S	S

佛光寺远瞰

122·366

敦煌著名的壁画"五台山图"中描绘了九十座寺院组群的位置，其中之一"大佛光之寺"，就是今天还存在五台山豆村镇的大佛光寺。更可宝贵的事实是寺内大殿竟是幸存到今天的一座唐代原物。我们从这座在会昌灭法后又建造起来的实物上，可以具体地见到唐代建筑艺术风格手法，和它们所曾到达的多方面的成就。这座建筑遗产对于后代是有无法衡量的价值的。

佛光寺

佛光寺位置在五台山的西面山坡上,因此这个佛寺的朝向不是用中国传统的面朝南的方向,而是向西的。沿着山势,从山门起,一进一进的建筑就着山坡地形逐渐建到山坡上去。大殿就在组群最后也是最高的地点。

124·366

佛光寺大殿

佛光寺大殿是一座七间的佛殿,柱头上有雄大的斗栱,在外面挑着屋檐,在内部承托梁架,充分地发挥了中国建筑的特长。它屹立一千一百年,至今完整如初,证明了它的结构工程是如何的科学、合理,这个建筑何等的珍贵。

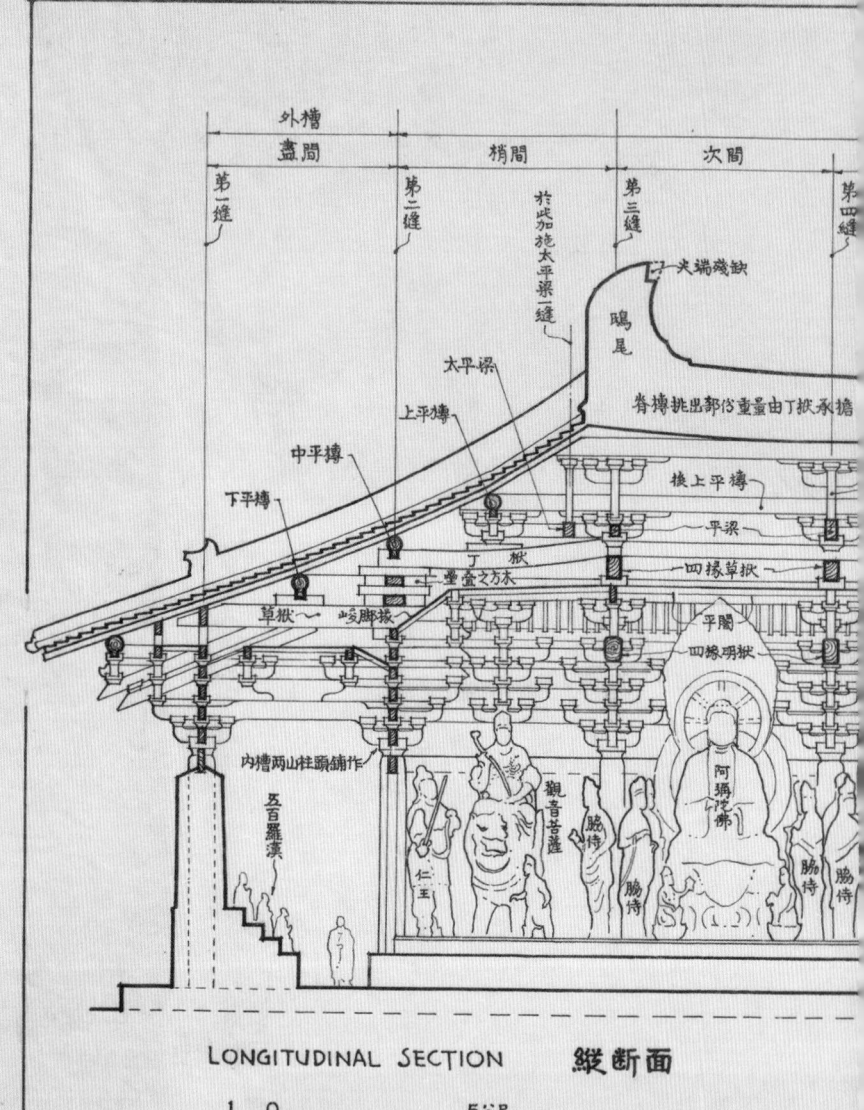

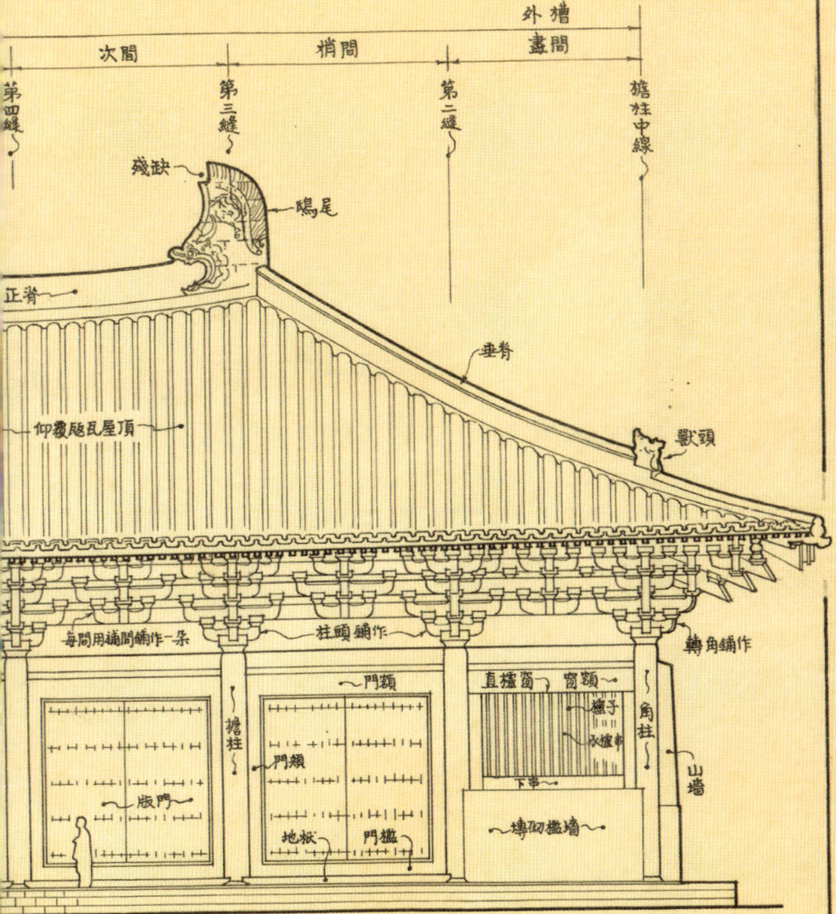

西立面　WEST ELEVATION

...寺大殿　唐大中十一年建　857 A.D.

· WU-T'AI SHAN · SHANSI

这个殿是当时在长安的一个妇人为了纪念在三十年前被杀掉的一个太监而建造的。这个妇女和太监的名字都写在大殿大梁的下面和大殿面前的一座经幢上。殿内梁下还有建造时的题字，墙上还保存着一小片原来的壁画，殿内全部三十几尊佛像都是唐末最典型最优秀的作品。

佛光寺大殿佛堂上的佛像群

9·366

敦煌画中信女像，其姿态服饰与宁公遇像颇相似

130·366

在这一座殿中,同时保存着唐代的建筑、书法、绘画、雕塑四种艺术,精华荟萃,实是文物建筑中最重要、最可珍贵的一件国宝。殿内还有两尊精美的泥塑写实肖像,一尊是出资建殿的女施主宁公遇,一尊是当时负责重建佛光寺的愿诚法师,脸部表情富于写实性,且是研究唐末服装的绝好资料。

女施主宁公遇塑像

132·366

愿诚和尚塑像

从结构演变阶段的角度看,这座大殿的最重要之处就在于有着直接支撑屋脊的人字形构架;在最高一层梁的上面,有互相抵靠的一对人字形叉手以撑托脊,而完全不用侏儒柱。这是早期构架方法留存下来的一个仅见的实例。

佛光寺屋顶梁架

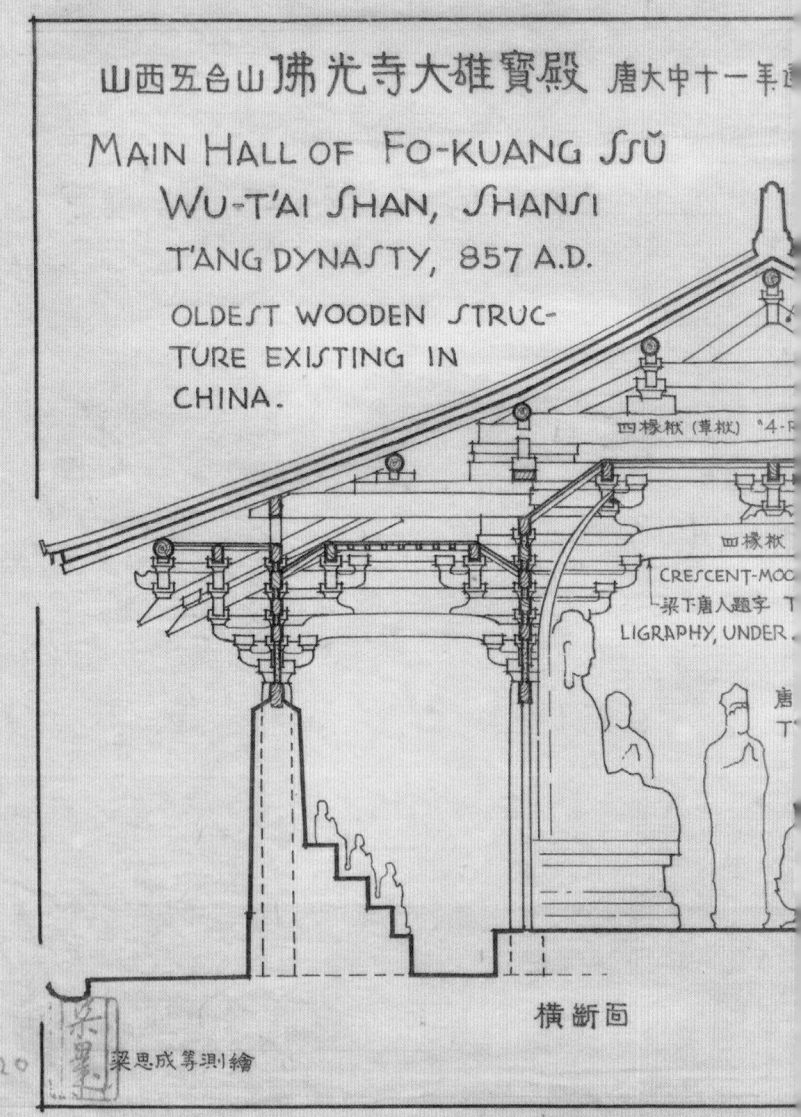

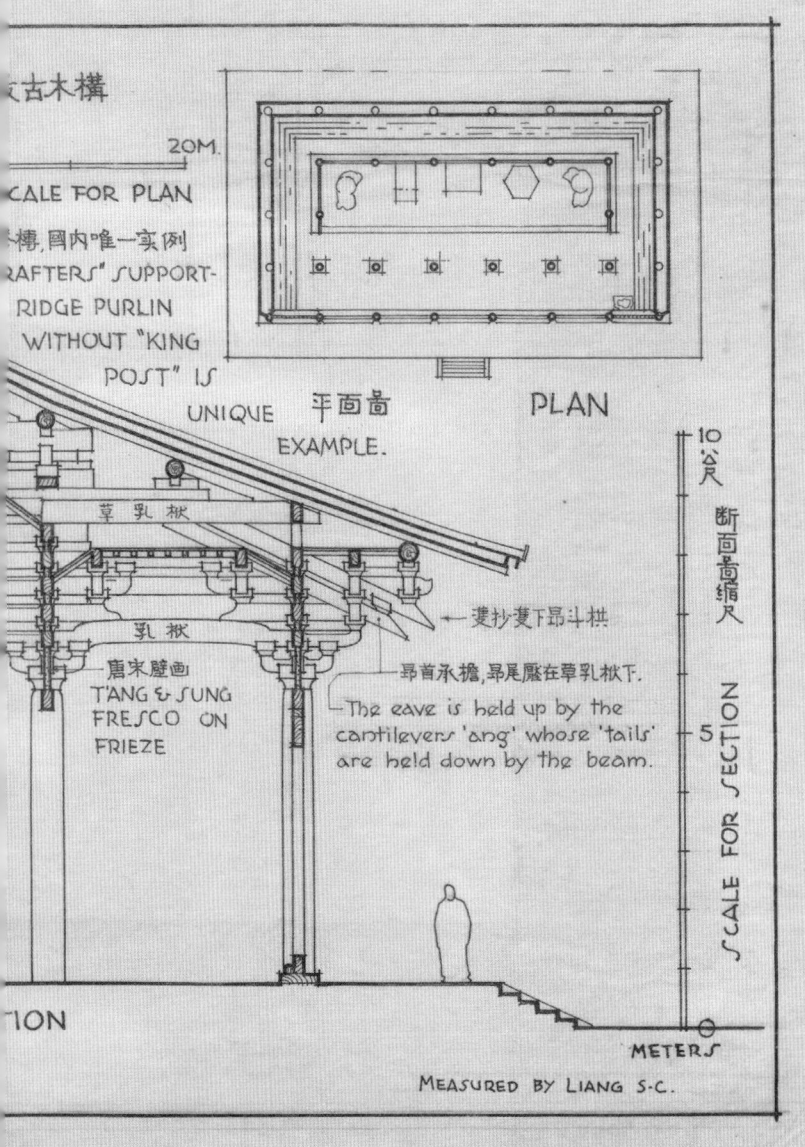

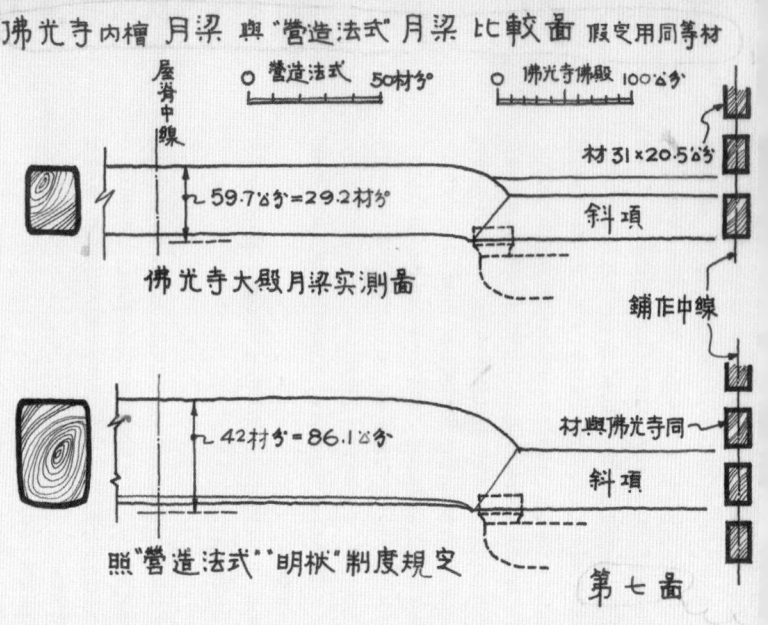

第七图

大殿内部显得十分典雅端庄。月梁横跨内柱间，两端各由四跳华栱支撑，将其荷载传递到内柱上。殿内所有梁的各面都呈曲线，与大殿庄严的外观恰成对照。月梁的两侧微凸，上下则略呈弓形，使人产生一种强劲有力的观感，而这是直梁所不具备的。

在这一座建筑中，我们看到了从古代发展下来已经到了艺术上、技术上高度成熟的一座木建筑。

鸱尾轮廓颇为简洁，从龙的鼻额以上，紧张陡起，迥然与清代作风不同，似为明代物。

佛光寺大殿鸱尾

石幢、祖师塔

殿阶前有石幢,刻着建殿年月,雕刻也很秀美。大殿后还存在着一座第六或第七世纪的六角小砖塔,佛光寺祖师塔,它的年代极为古老,这是一个极特殊的实例。祖师塔的上层较富建筑意味。转角处都砌出倚柱,柱的两端及中间都以束莲装饰,显然受印度影响。窗上白墙上残留着土朱色人字形补间铺作画迹,其笔法雄浑古拙,颇具北魏、北齐造像衣褶及书法的风格。

佛光寺大殿前的经幢

山西五台
晚唐兩
TWO DHANA
OF THE LATE
FO-KUA
WU-T'AI SHA
大中十一年幢
857 A.D.
公分 5

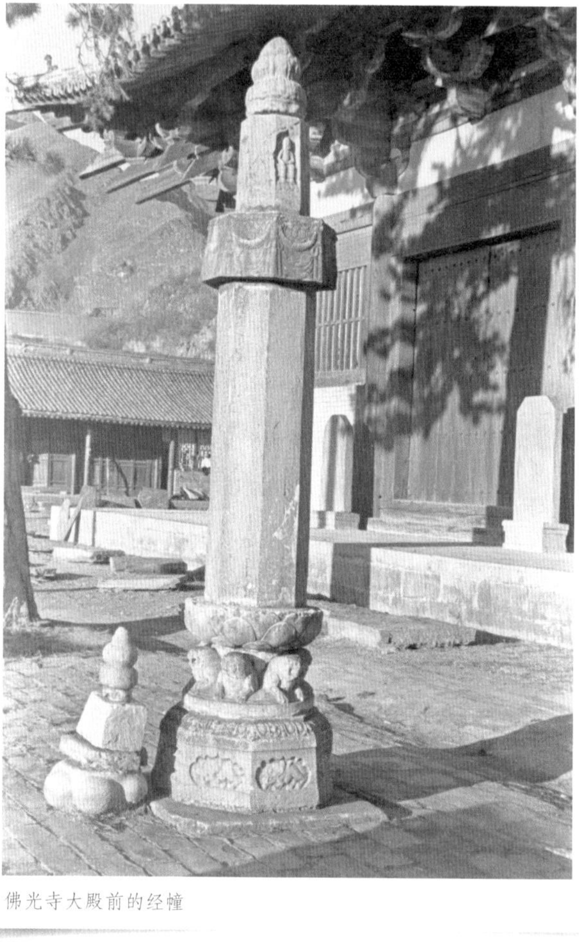

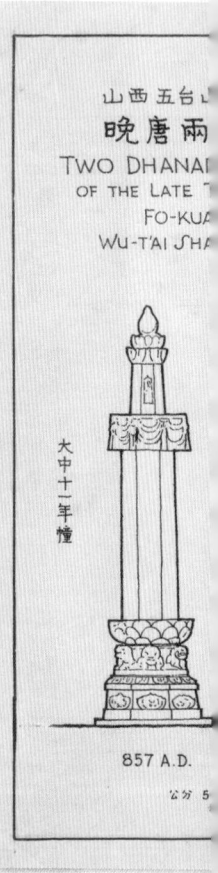

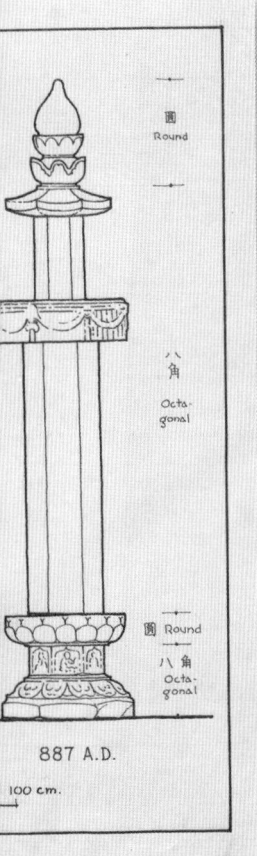

林徽因在测量佛光寺大殿前的经幢

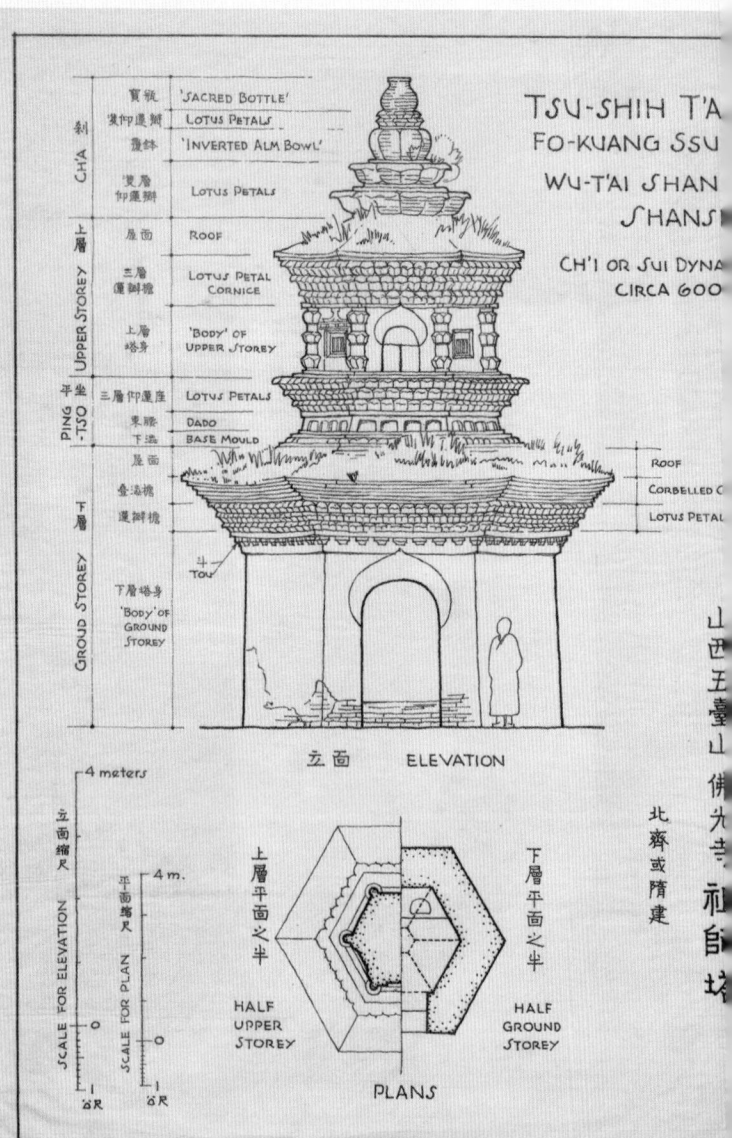

45.366

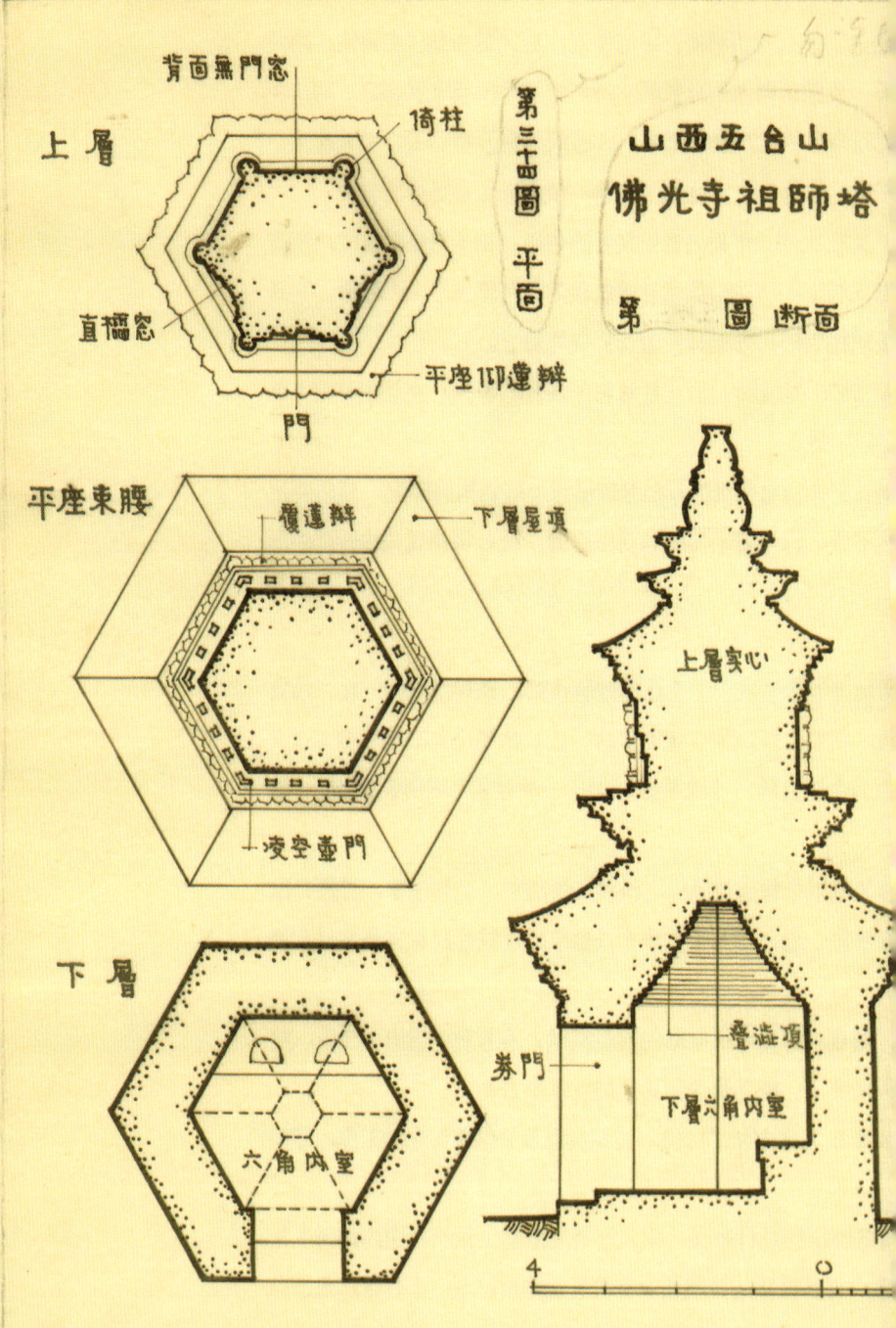

文殊殿

大殿的前右方,在山坡较低的地方,还存在着一座十三世纪的文殊殿。这是一座貌不惊人的殿,其斗栱做法与隆兴寺、晋祠相似,其内部构架却是个有趣的孤例,由于它那特殊的构架,其后部仅在当心间用了两根内柱,致使其左右柱的间距横跨三间,长度竟达约十四米,这样大的跨度是任何普通尺寸的木料都达不到的,于是便采用了一个类似于现代双柱式桁架的复合结构。但是仍不胜荷载,后世又加立小柱。

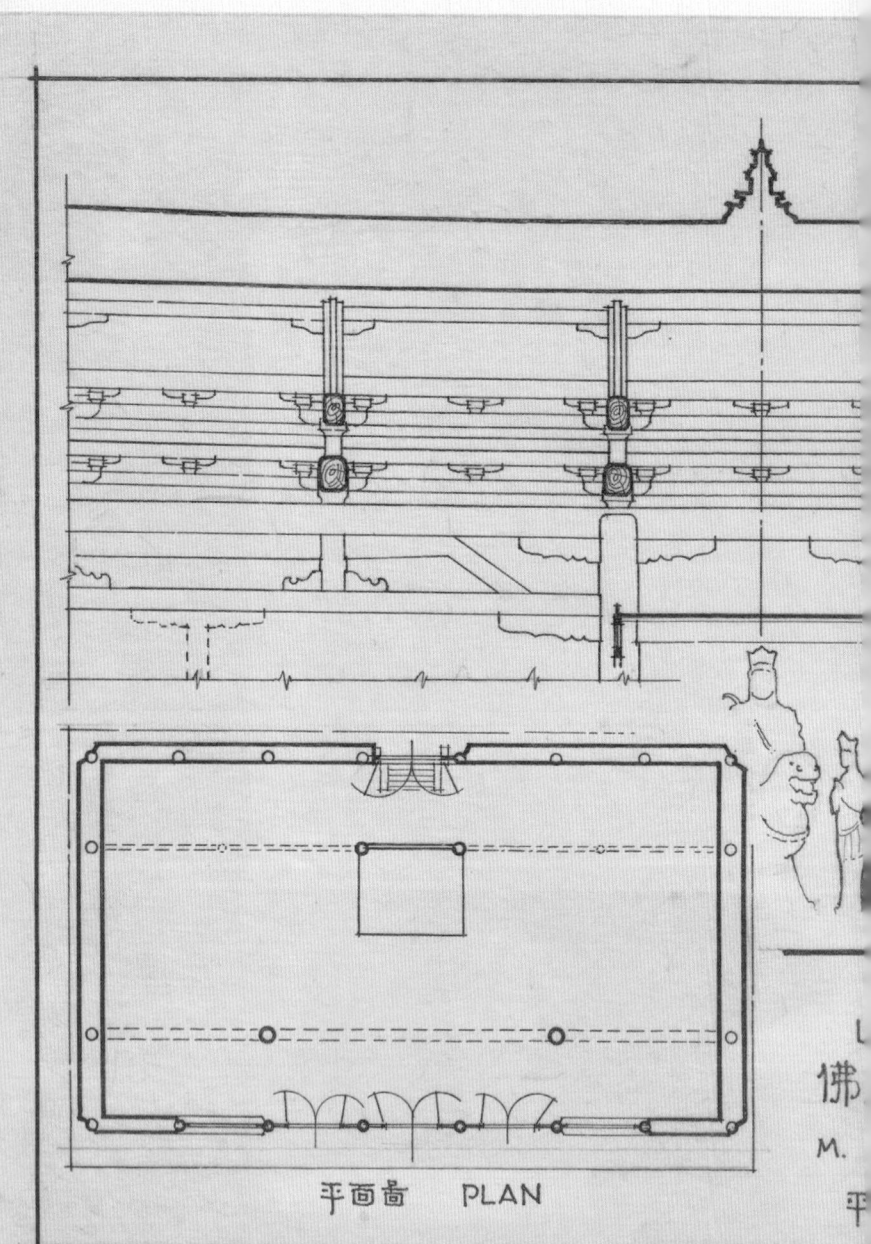

平面圖 PLAN

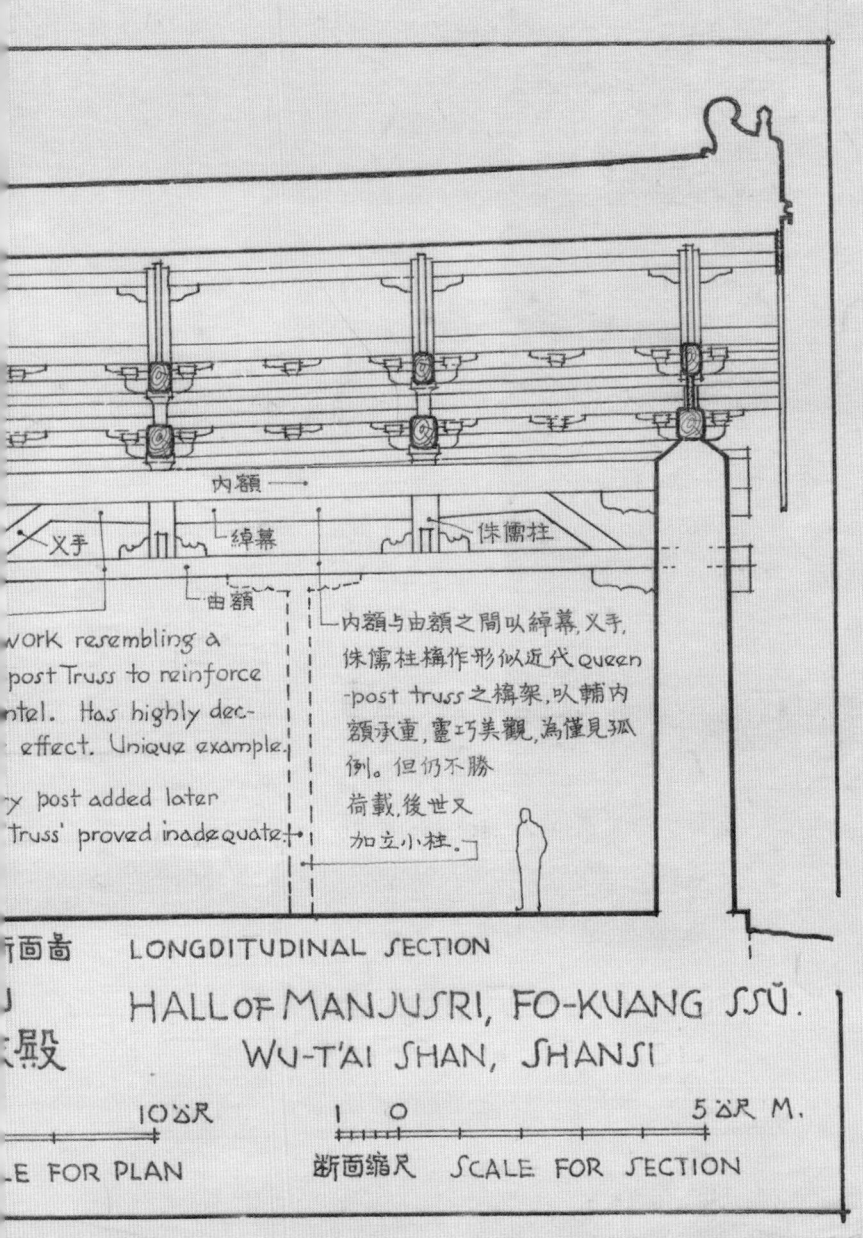

LONGDITUDINAL SECTION
HALL OF MANJUSRI, FO-KUANG SSǓ.
WU-T'AI SHAN, SHANSI

五代十国

山西平遥镇国寺大殿是五代木构建筑的罕贵的孤例。五代建筑在北方可说是唐的尾声。

十国建筑在吴越和南唐,就由于地理环境和新的社会因素,发展了自己的新风格。如南京栖霞寺塔以八角形平面出现,在造型方面和在雕刻装饰方面都有较唐朝更秀丽的新手法,在很大程度上是后来北宋建筑风格的先声。

南京栖霞寺塔

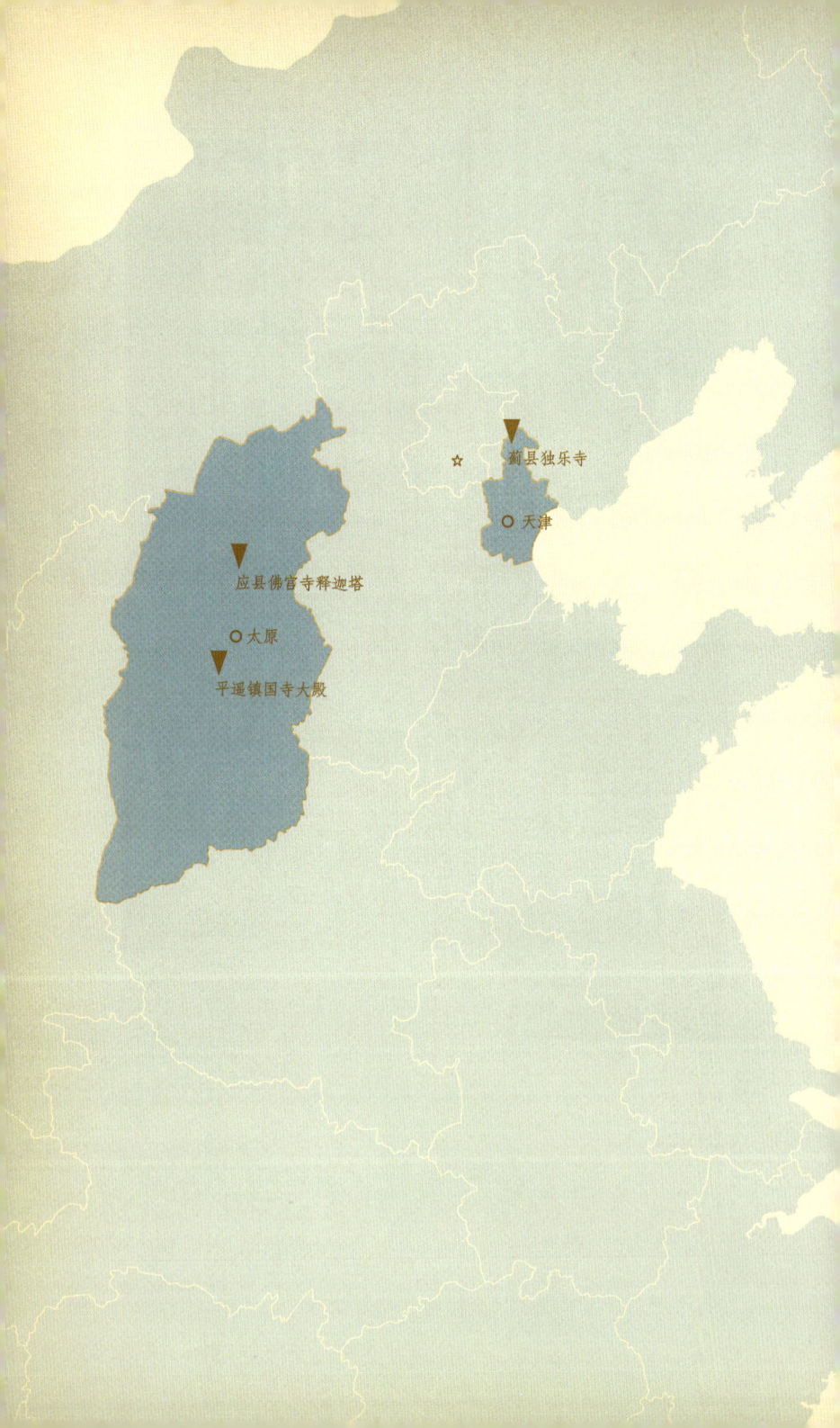

6 / Jun.
辽代建筑

梁思成在调查独乐寺时留影

6
Jun.

M	T	W

T	F	S	S

辽

蓟县独乐寺

辽是中国东北边境吸取并承继了唐文化的契丹族的政权。在关外发展成熟，进占关内河北和山西北部，所谓燕云十六州，包括幽州（今天的北京）在内。辽是一个独立的区域政权，在时间上大部虽和北宋同时，但在文化上是不折不扣的唐边疆文化。

独乐寺

河北蓟县独乐寺的山门和观音阁，公元984年建造的建筑群。其年代及形制，皆适处唐宋二式之中，实为唐宋间建筑形制蜕变之关键。谓为唐宋间过渡之式样可也。

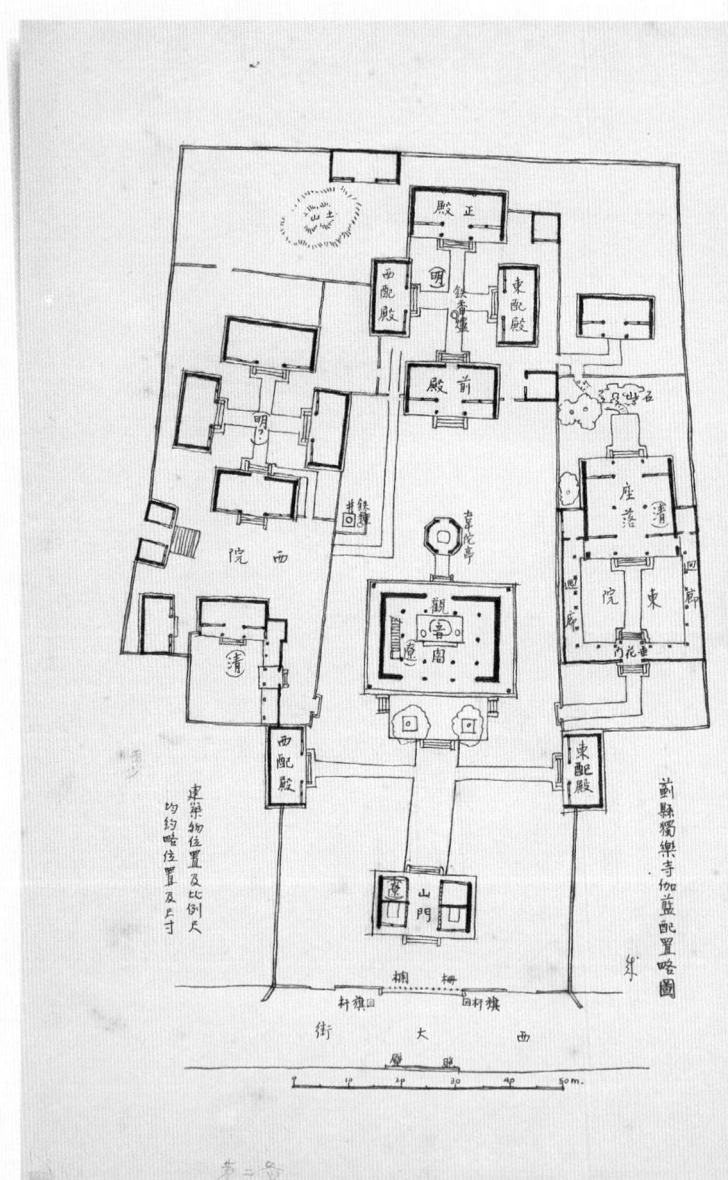

山门是一座灵巧的单层小建筑，观音阁却是一座庞大的重层（加上两主层间的"平座"层，实际上是三层）大阁。阁内立着一尊六丈余高的泥塑十一面观音菩萨立像，是中国最大的泥塑像，是最典型的优秀辽代雕塑。

独乐寺山门

独乐寺的山门,是一座不大的建筑物,檐下有简单的斗栱。从平面上看,这是一座典型的中国式大门。在它的长轴上有一排柱,两扇门即安装在柱上。内部结构是所谓"彻上露明造",也就是没有天花,撑托屋顶的结构构件都露在外面。山门展示了木作艺术的一个精巧实例,整个结构都是功能性的,但在外表上却极富装饰性。这种双重品质是中国建筑结构体系的最大优点所在。

寺山门

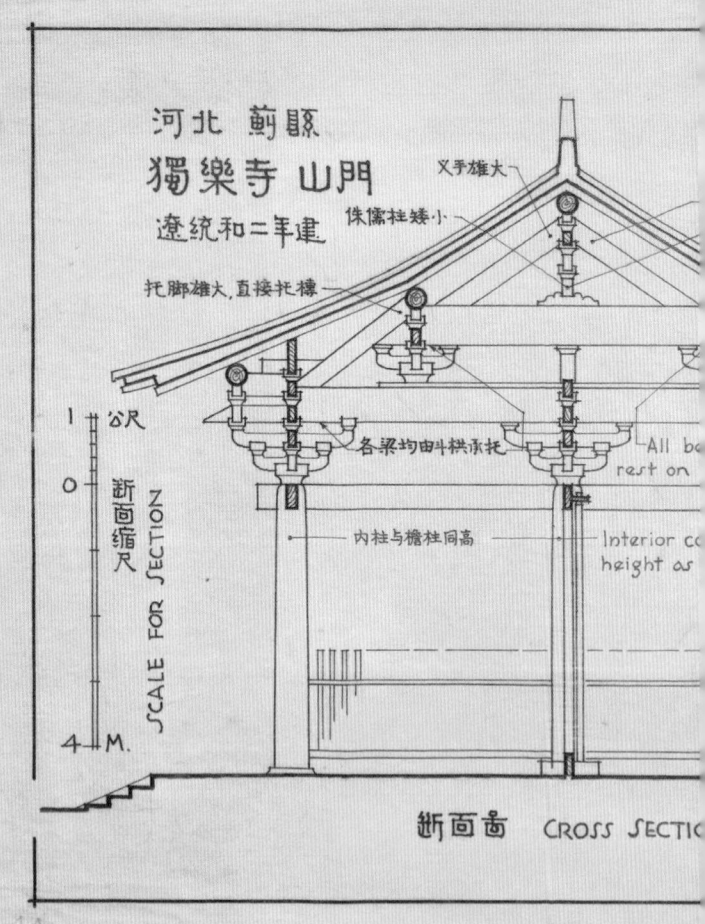

...EN OR MAIN ENTRANCE GATEWAY
TU-LÊ SSU, CHI HSIEN, HOPEI.
LIAO DYNASTY, 984 A.D.

*tó-chiao directly
supporting purlin.*

平面图 PLAN

尺 5 0 10M

平面缩尺 SCALE FOR PLAN

独乐寺山门正脊两端之鸱尾

最可注意者，则脊上两鸱尾，即可罕贵之物。鸱尾来源，固甚久也，唐代形制，于敦煌壁画及日本奈良唐招提寺见之。盖纯为鳍形之"尾"自鳍端翘起，而尾端向内者也。明清建筑上所用则为吻，非尾也。

观音阁

观音阁是一座外表上两层实际上三层的木结构。它是环绕着一尊高约十六米的十一面观音的泥塑像建造起来的。二层和三层的楼板,中央部分都留出一个空井,让这尊高大的塑像,由地面层穿过上面两层,竖立在当中。这样在第二层,瞻拜者就可以达到观音下垂的左手的高度;到第三层,他们就可以站在菩萨胸部的高度,抬起头来瞻仰观音菩萨慈祥的面孔和举起的右手,令人感到这一尊巨像,尽管那样的大,可是十分亲切。同时从地面上通过两层的楼井向上看,观音的像又是那样高大雄伟。在这一点上,当时的匠师在处理瞻拜者和菩萨像的关系上,应该说是非常成功的。

独乐寺观音阁观音像

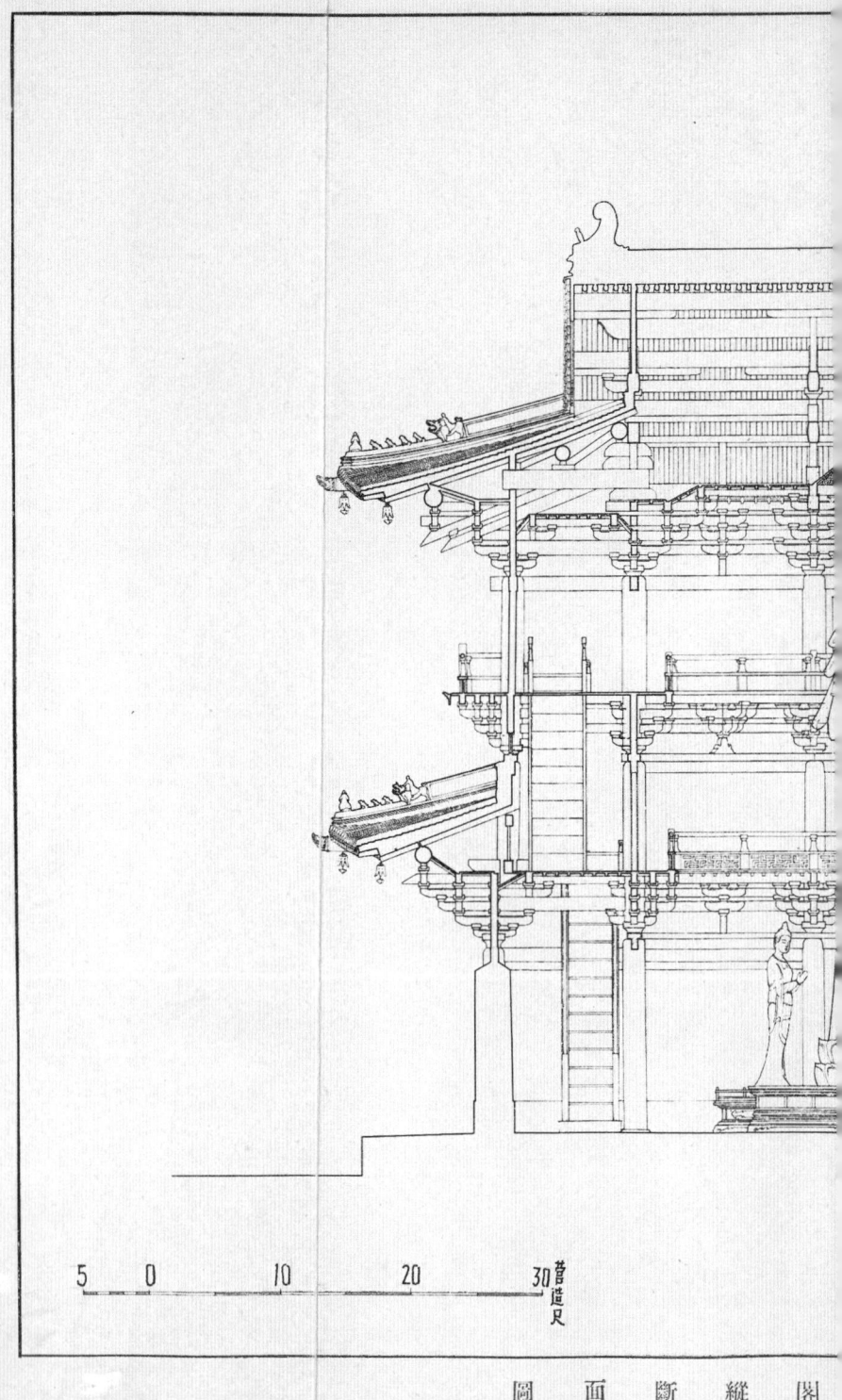

閣縦断面圖

卷首圖五

在结构上,这座三层大阁灵巧地运用了中国传统木结构的方法,那就是木材框架结构的方法,把一层层的框架叠架上去。第一层的框架,运用它的斗栱,构成了下层的屋檐,中层的斗栱构成了上层的平座(挑台),上层的斗栱构成了整座建筑的上檐。在结构方法上,基本上就是把佛光寺大殿的框架三层重叠起来。在艺术风格上也保持了唐朝那一种雄厚的风格。

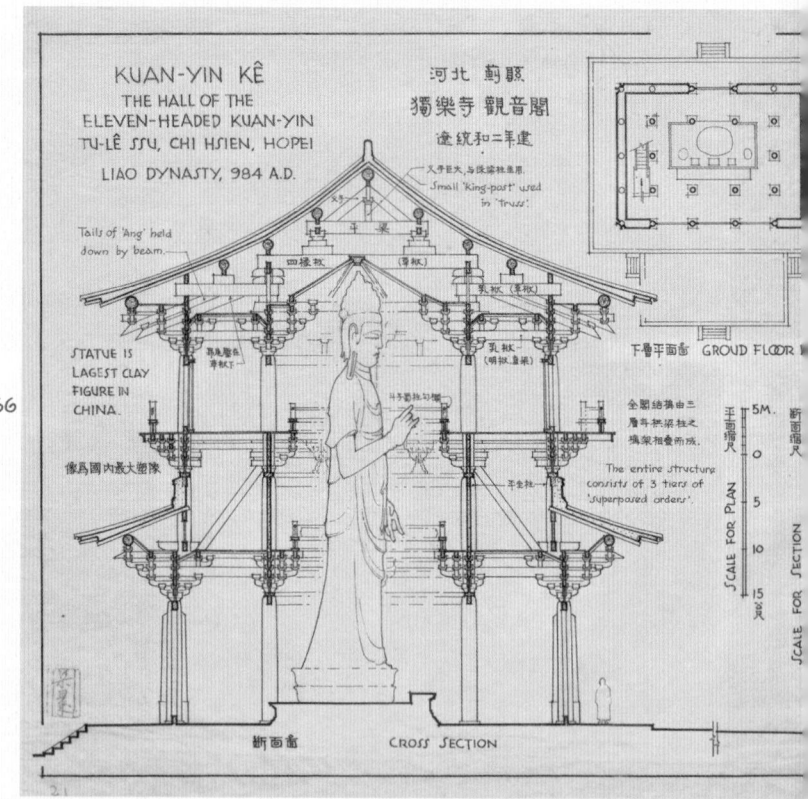

独乐寺观音阁观音像

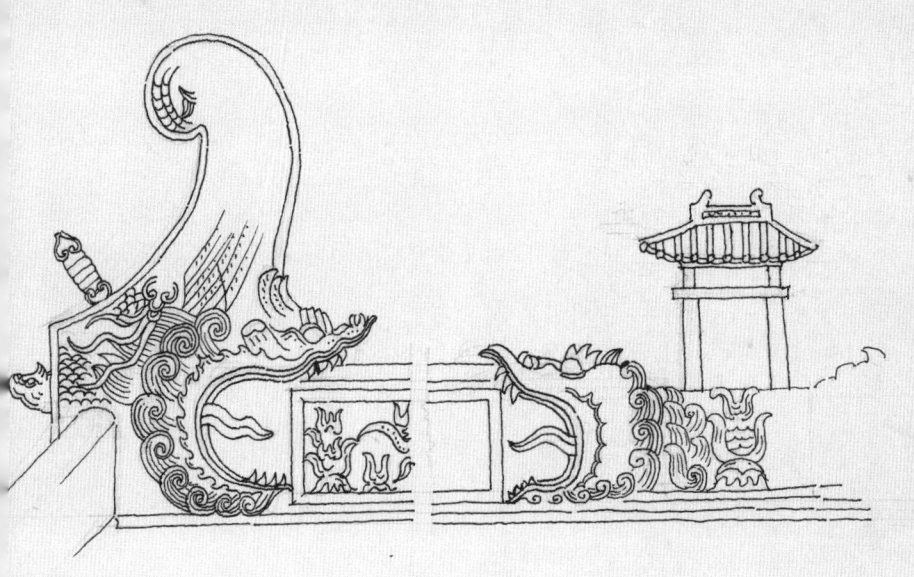

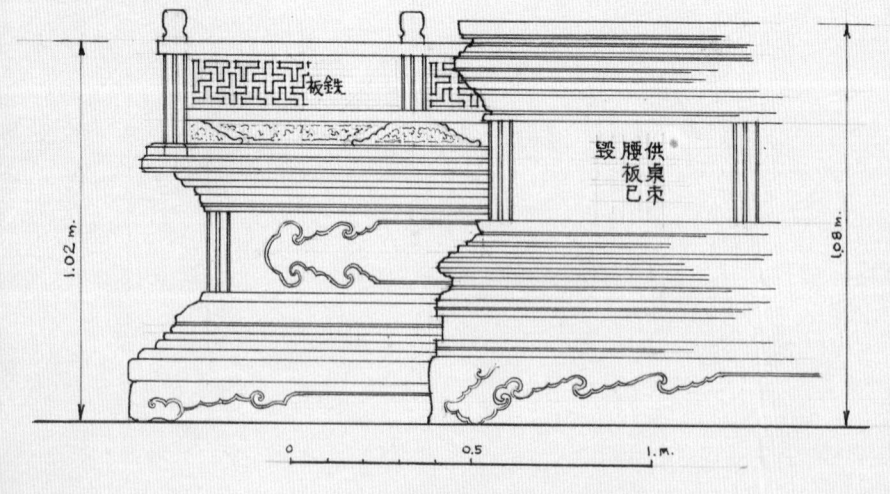

觀音閣須弥座供桌詳樣

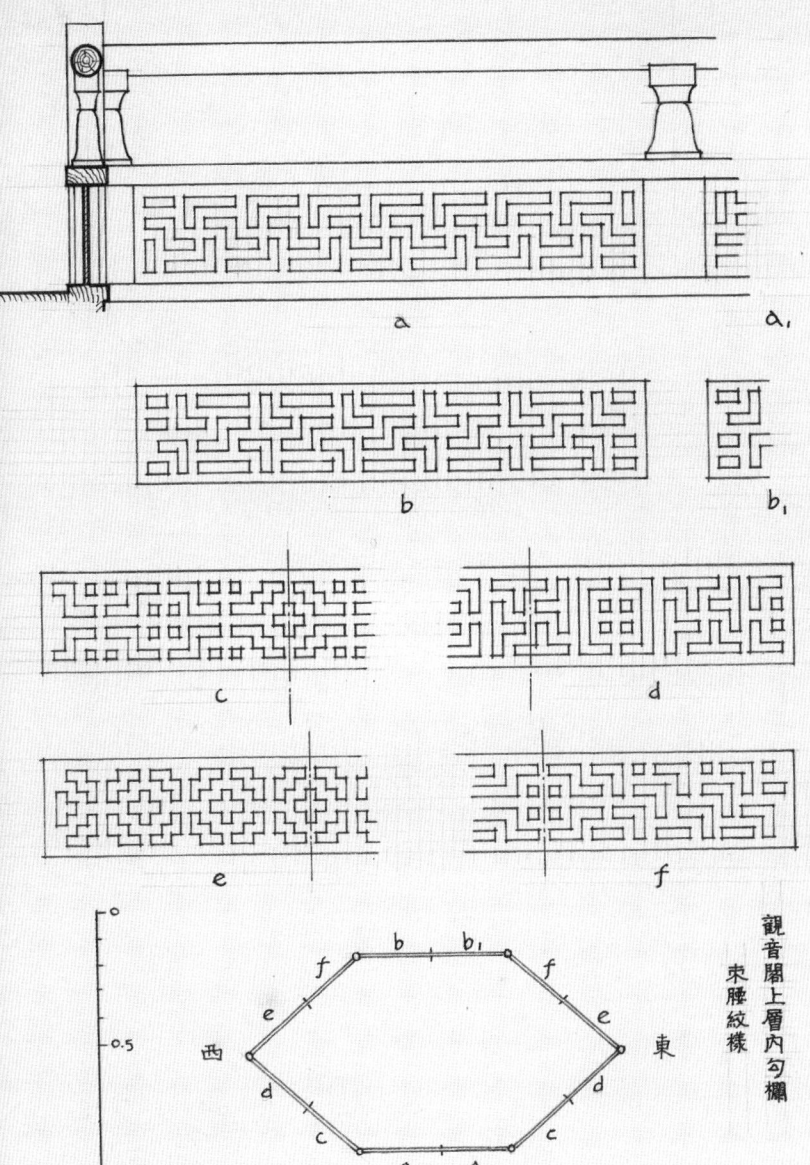

觀音閣上層內勾欄束腰紋樣

应县佛宫寺释迦塔

中国现存的一座唯一的木塔,山西应县佛宫寺释迦塔,是1056年建造的。在桑干河的平原上,离应县县城十几里,就可以望见城内巍峨的木塔。这座八角五层(连平座层事实上是九层)的塔,全部用木材骨架构成,连顶上的铁刹,总高六十六公尺余,整整二十丈。上下内外共用了五十六种不同的斗栱,以适合结构上不同的需要。唐代以前的佛塔很多是木构的,但佛家的香火往往把它们毁灭,所以后来多改用砖石。到了今天,应县木塔竟成了国内唯一的孤例。

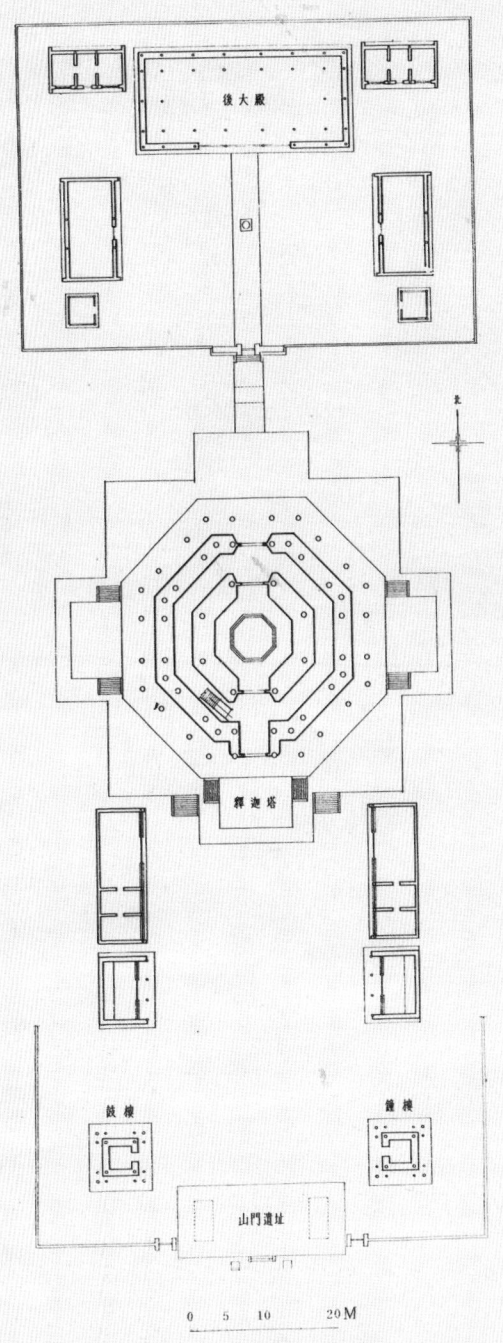

山西应县佛宫寺现状总平面图

应县木塔

175·366

6.366

山西應縣佛宮寺遼釋迦木塔

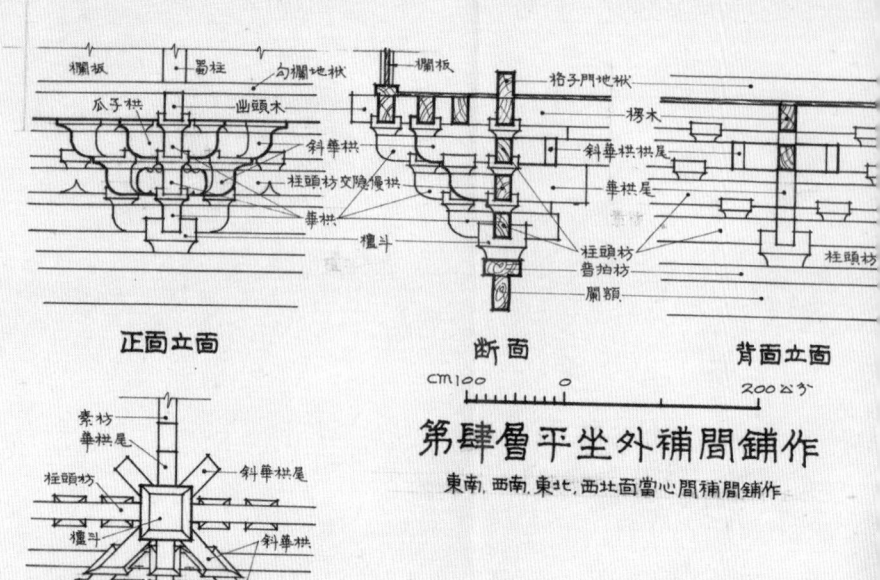

由这一座孤例中，我们看到了中国匠师使用木材登峰造极的技术水平，值得我们永远地景仰。塔高五层，加上上面四层每层下面的平座暗层，实际上是一座九层累架的木框架结构，全部用传统的柱、梁、斗栱层层叠上而建成的。除了塔基和第一层的墙壁是用砖石以及顶上的刹是锻铁之外，全部都是木材。每一层的檐和平座，都由斗栱承托。由下而上，由于每层的高度逐减，每层的宽度也逐渐收缩，特别是由于八角形的平面，为内部梁尾的交叉点造成相当复杂的结构问题。但是十一世纪中叶的伟大的不知名建筑师却运用了五十多种不同的斗栱圆满地解决了这一复杂问题。

后代的香客献给这座塔的一块匾上写着"鬼斧神工"四个字来歌颂这座神妙的结构是丝毫没有夸大的。在九百年的长期间,这座金属刹木结构的佛塔竟得幸免于雷电的破坏,一直保存到今天。它的木结构的稳固性是经过长时间考验的。

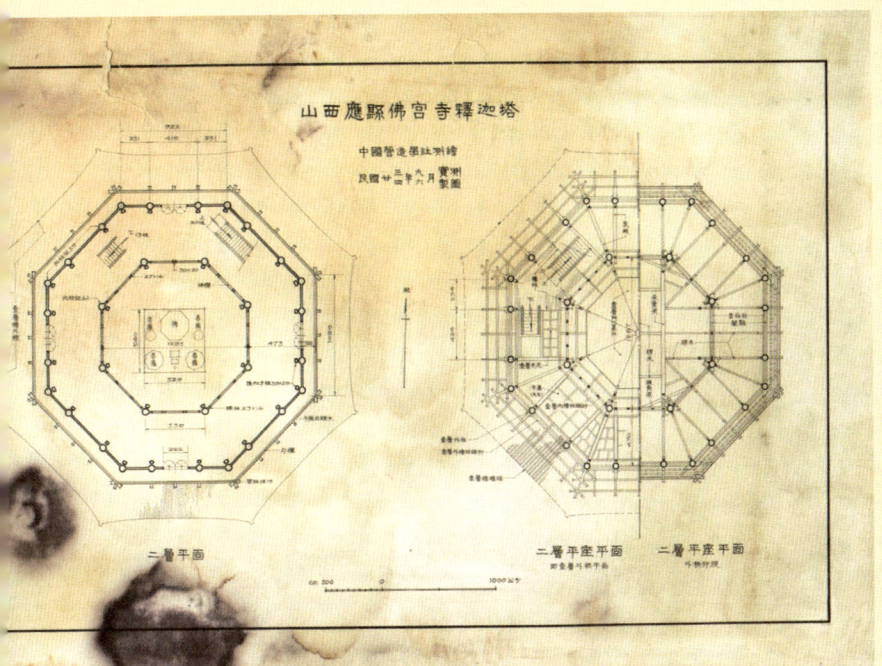

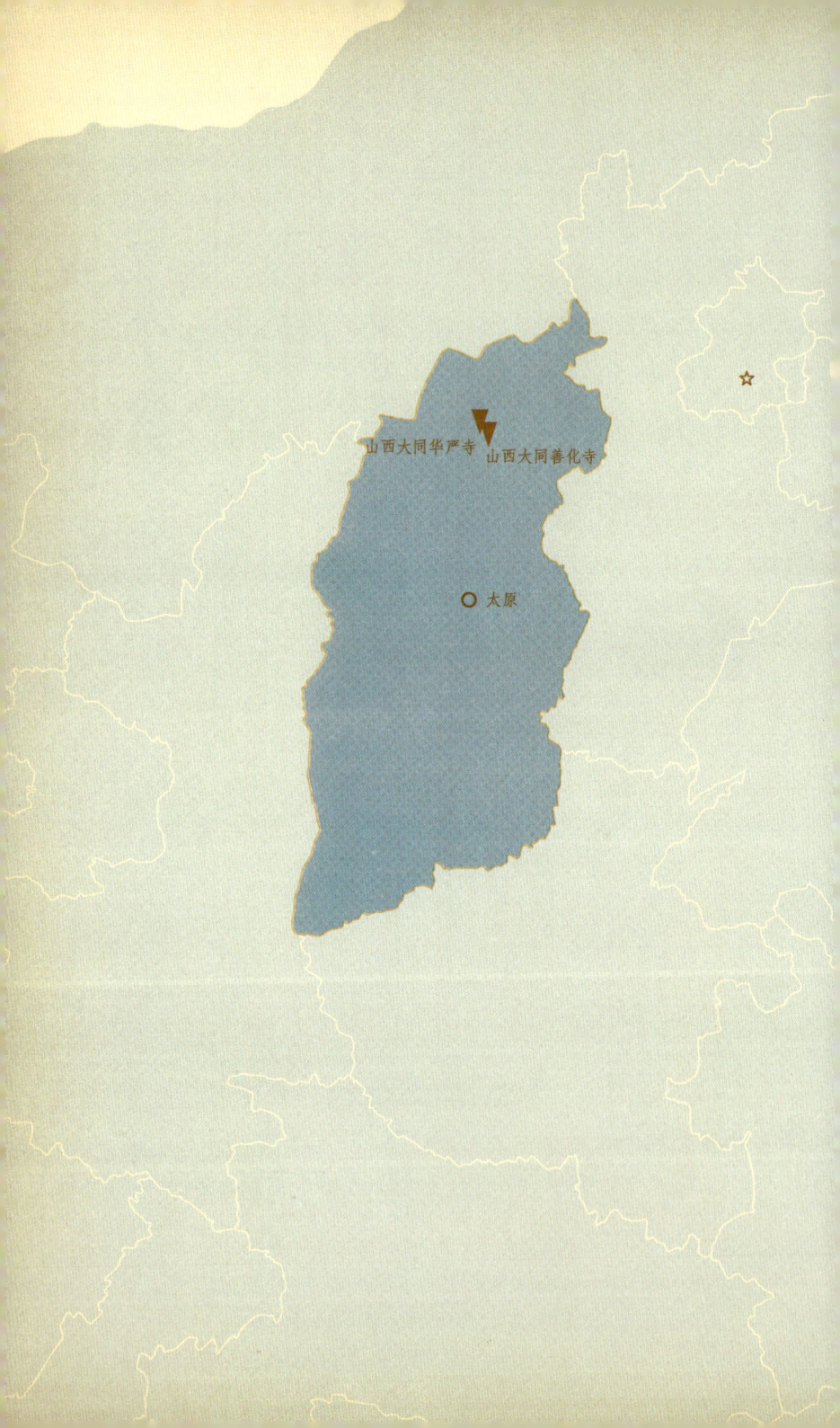

7 / Jul.
辽金建筑

梁思成在善化寺普贤阁斗栱后尾

7

Jul.

M	T	W

T	F	S	S

山西大同有两组建筑极为重要,即西门内的华严寺和南门内的善化寺。据记载,两寺都始建于唐代,但现存建筑物却不过是辽代中期遗构。

善化寺

山西大同善化寺是一个比较完整的辽金时代的组群,现在还保存着四座主要建筑和五座次要建筑。全部是在公元十一世纪中叶到十二世纪中叶这一个世纪之间建成的。

从善化寺的总平面图可以看出,这是大多数中国佛教、道教寺观的典型布局。大殿位于中轴线上,较小的殿和配殿则在横轴线上。各殿以廊相接,形成一进进的长方形庭院。

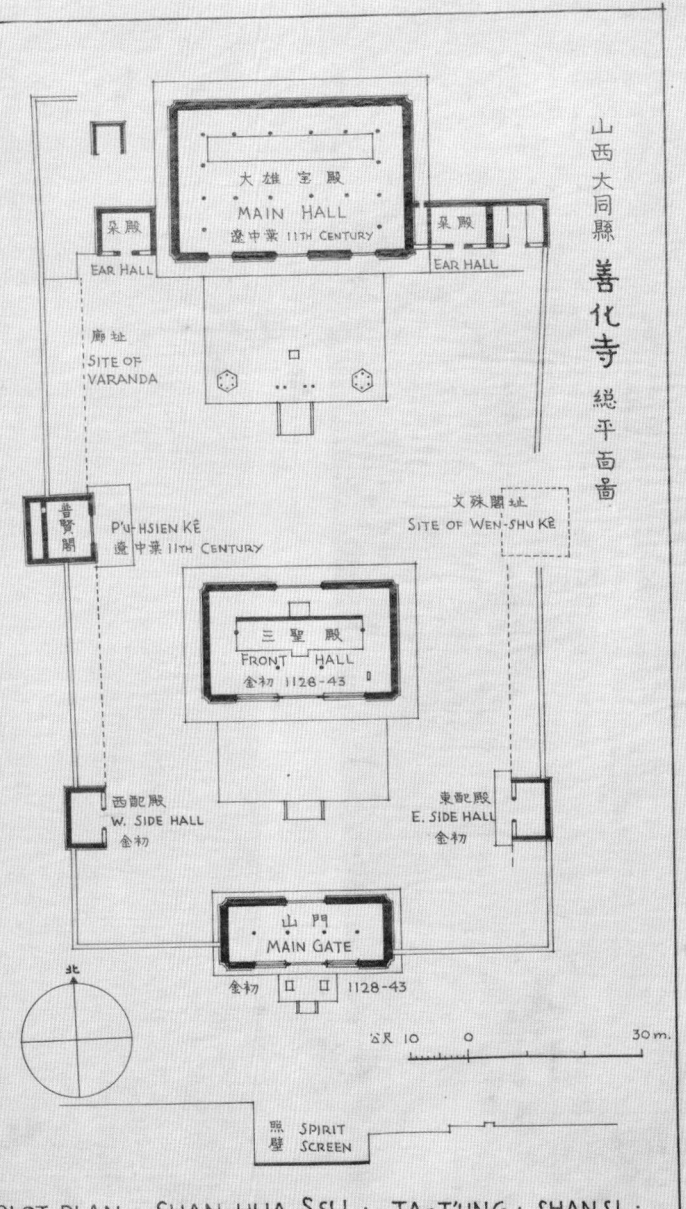

· PLOT PLAN · SHAN-HUA SSU · TA-T'UNG · SHANSI ·

187·366

善化寺山门

善化寺的主要殿阁,现存尚有大雄宝殿及普贤阁为辽代建筑,三圣殿及山门是金建。善化寺山门在同类建筑中可能是最为夸张的一个。这个五间的山门显然比某些小寺的正殿还要大。其斗栱较简单,未用斜栱,这里使用了当时已经很少见的月梁。

門山

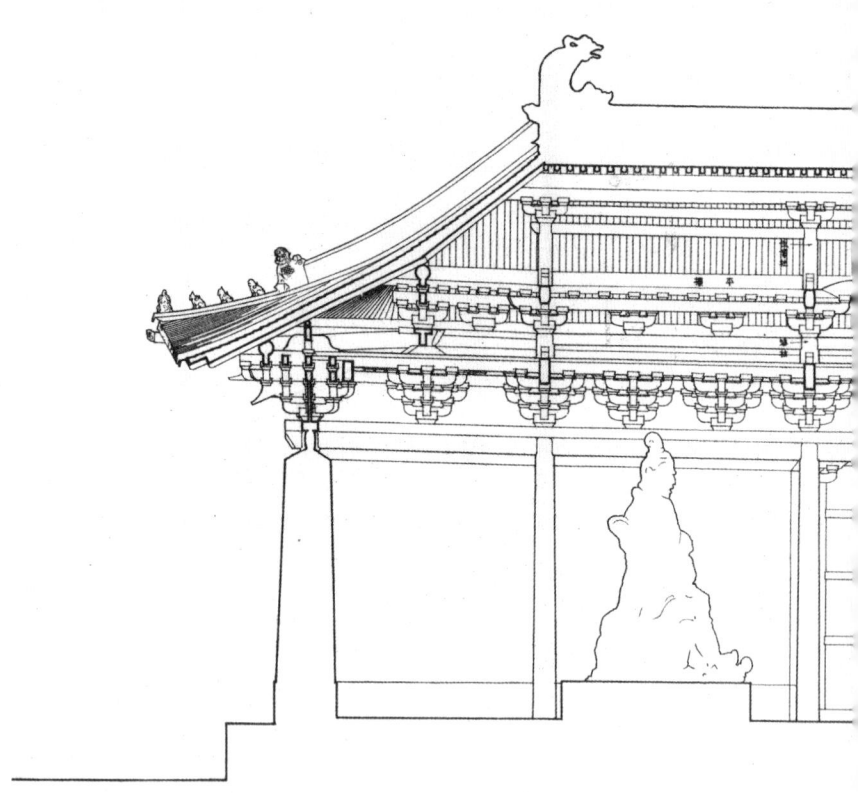

測繪民國二十三年
圖製九月四月

尺公

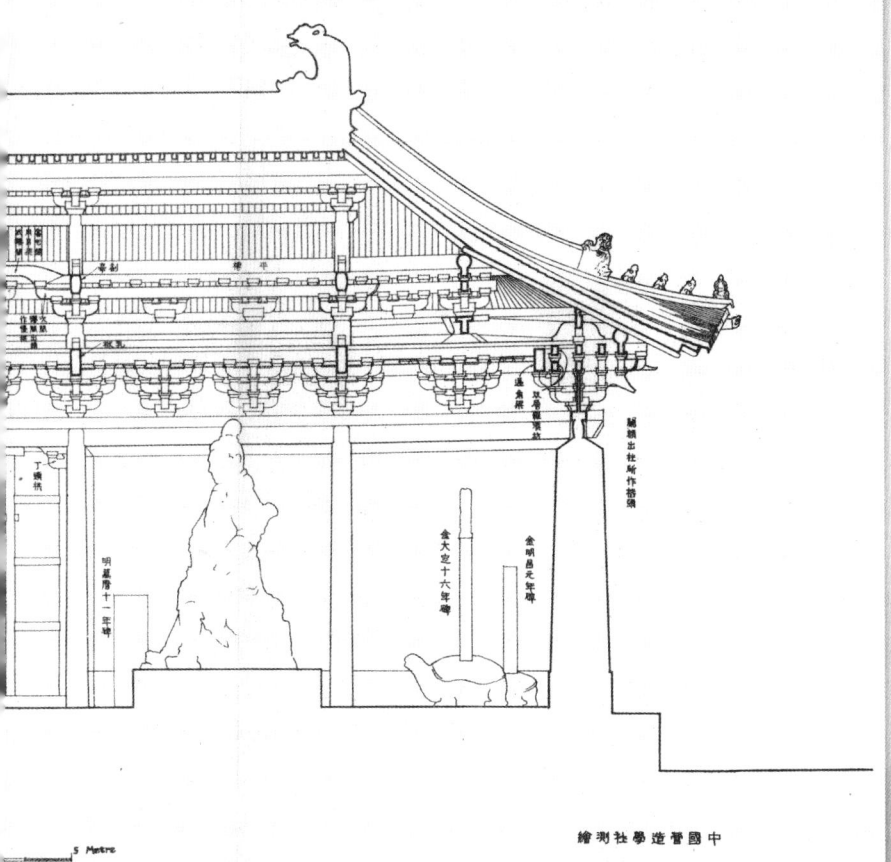

191·366

民國卅二年九月四日實製圖

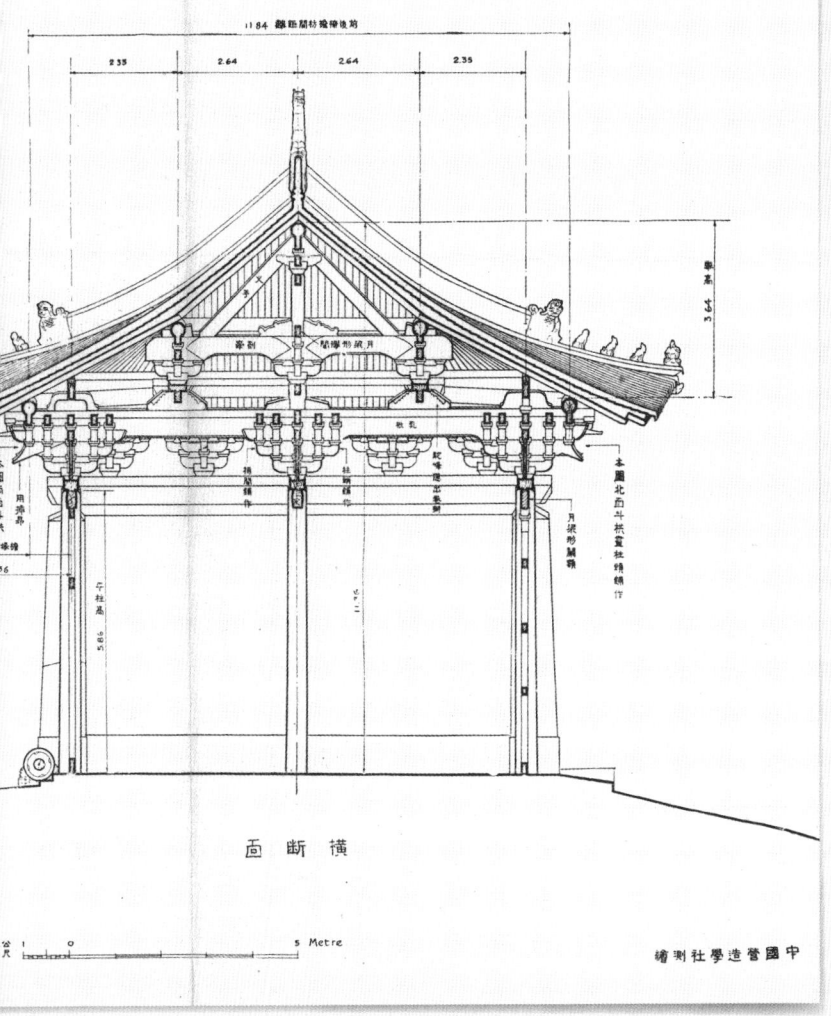

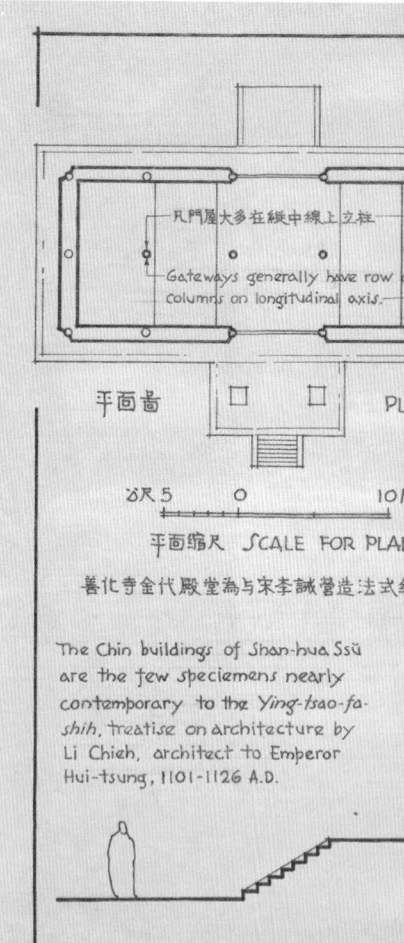

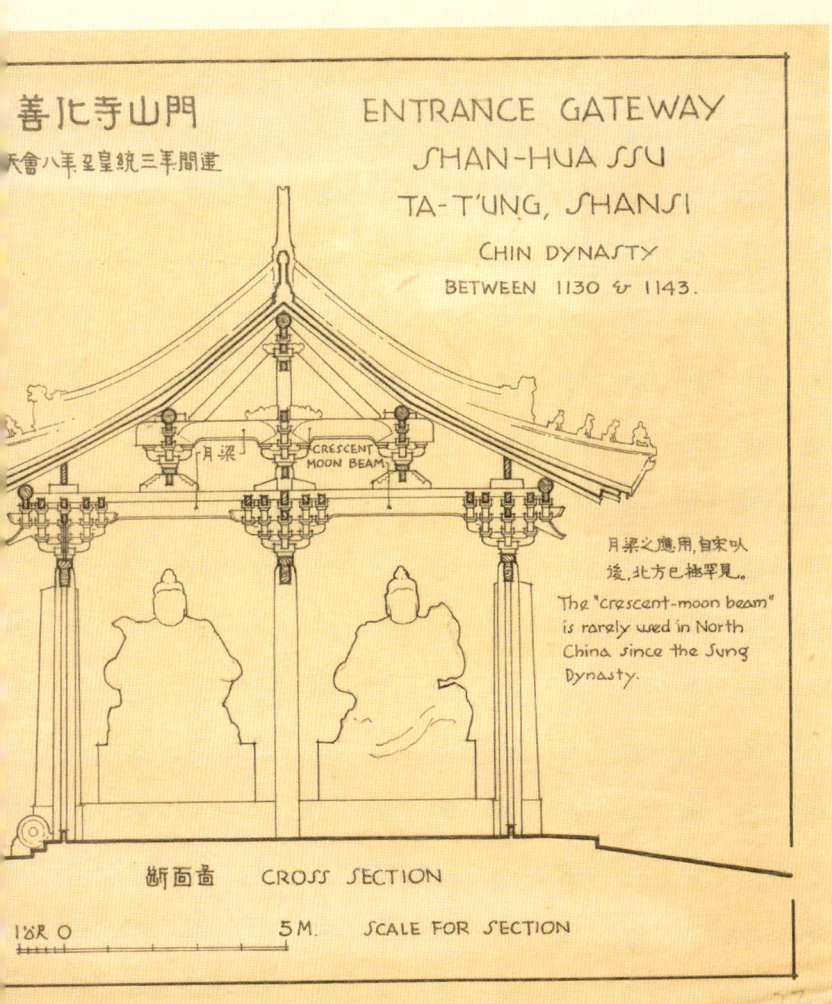

殿聖

民國廿二年五月製圖
九月審訂

西山

圖版貳拾柒

中國營造學社測繪

西山

善化寺这个组群规模不如正定隆兴寺那样深邃，但是庭院广阔，气魄雄伟，呈现很不相同的气氛。这两个组群虽然年代相距不远，但是隆兴寺是在汉族统治之下建造的，而善化寺所在的大同当时是在东北民族契丹、女真统治下的。这两个组群所呈现的迥然不同的气氛，一个深邃而比较细致，一个广阔而比较豪放，很可能在一定程度上反映了当时南北不同民族的风格。

善化寺大雄宝殿

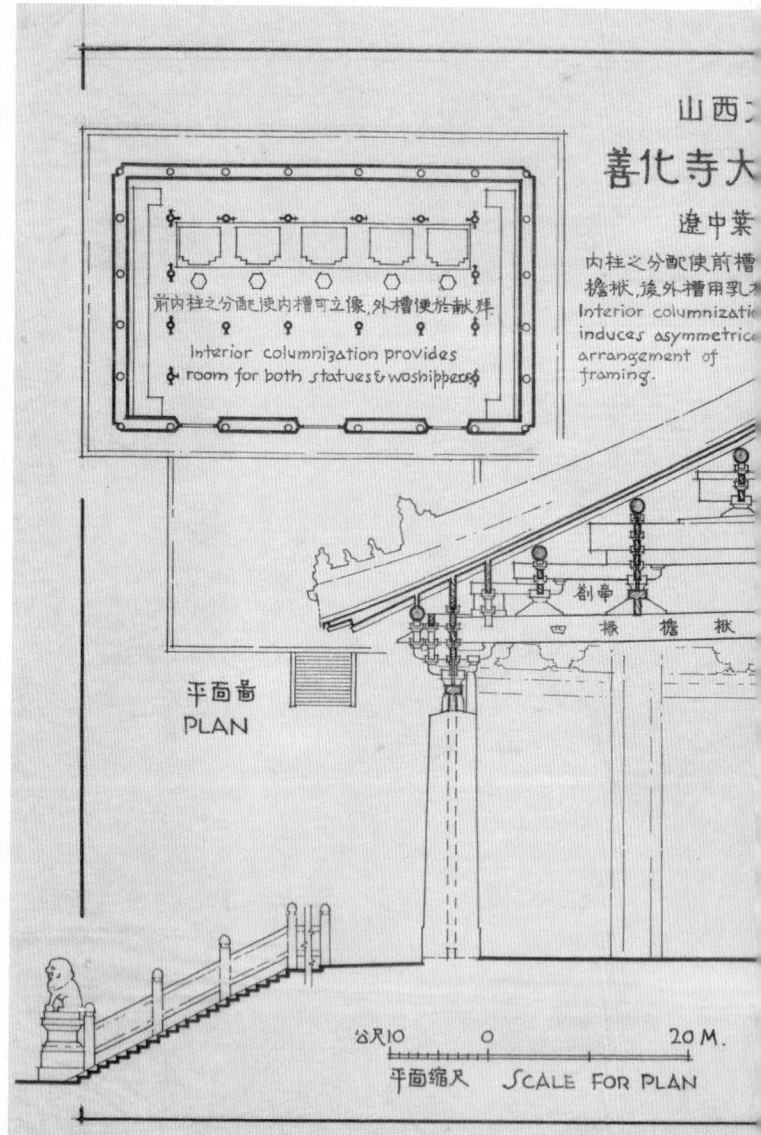

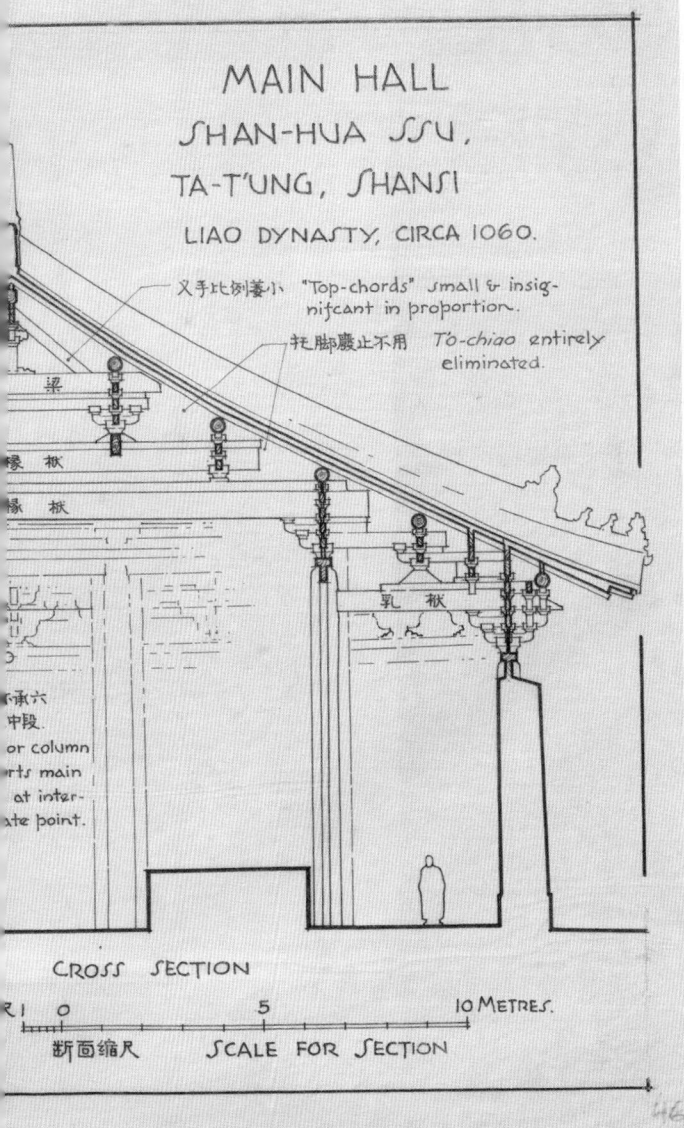

华严寺

华严寺,辽代巨刹,现存建筑分为两组,俗称上寺、下寺。其下寺薄伽教藏及海会殿(毁于解放初期)为两寺中最古建筑。华严寺有一个异常的特点是朝向,与主体建筑朝南的正统做法不同,这里的主要建筑都朝东,这是契丹人的古老习俗,他们早先崇拜太阳神,认为东是四方之首。

上下华严寺原为一体,占地辽阔,楼阁有上百之数。然近千年内,大多庙宇逐渐为世俗用途所蚕食。从此薄伽教藏彻底脱离上寺,开始以下寺而知名。

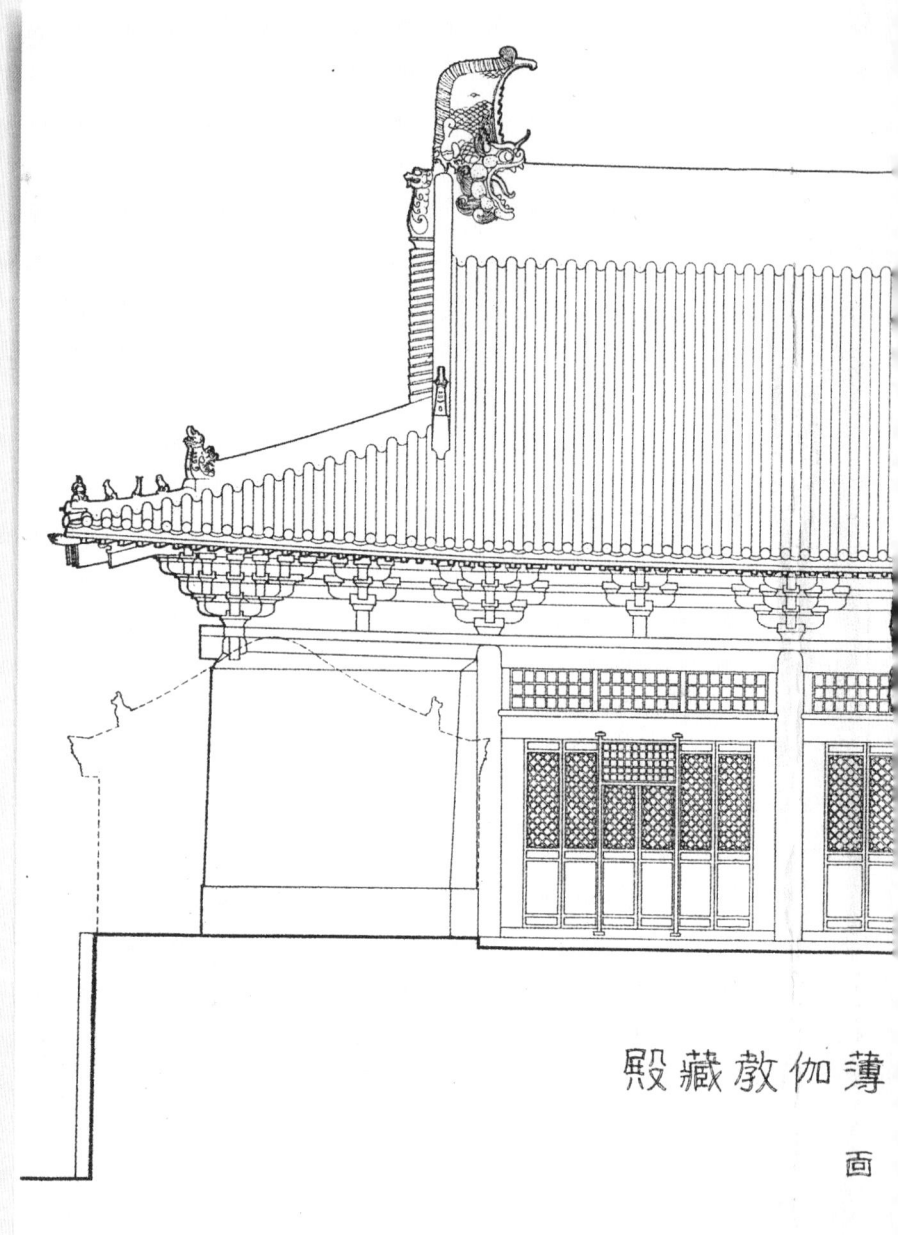

薄伽教藏殿

山西大同

中國營造學社測繪

华严寺薄伽教藏殿

薄伽教藏殿是原来规模宏大的华严寺组群遗留下来的两座建筑之一，虽然它是其中较小的一座，可是作为一座1038年建成的佛教图书馆，它有特殊重要的意义。

靠着这座图书馆内部左右和后面墙壁,是一排"U"字形排列的制作精巧的藏经的书橱(壁藏)。这个书橱最下层是须弥座,中层是有门的书橱主体,上面做成所谓"天宫楼阁"。这个"天宫楼阁"可以说是当时木建筑的一个精美准确的模型,整座壁藏则是中国现存最古的书橱。

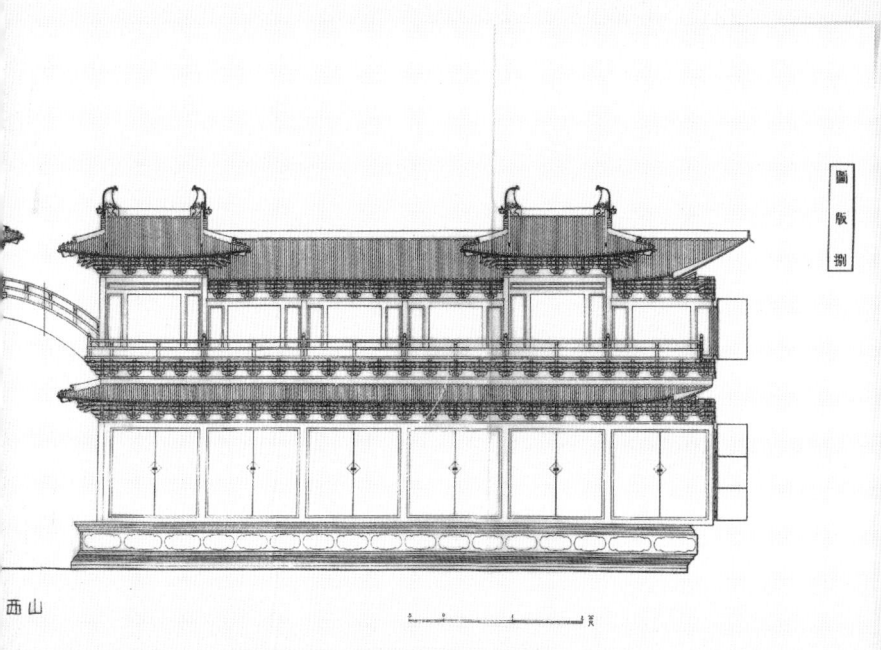

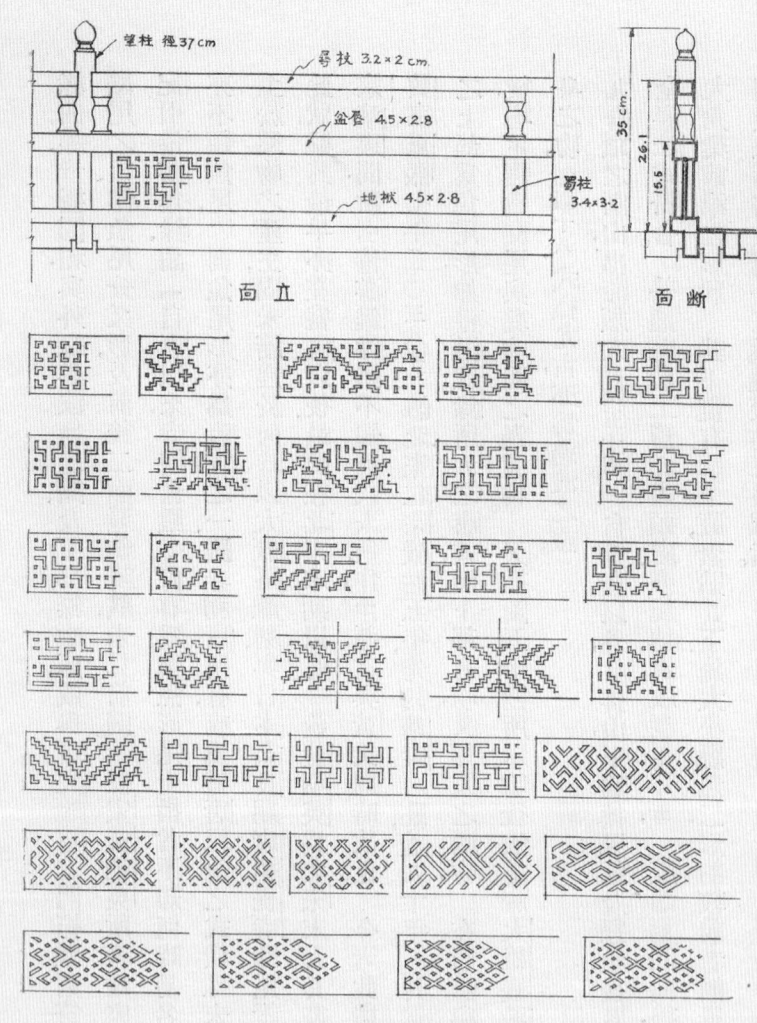

欄板紋樣

薄伽教藏殿壁藏勾欄

殿心大坛上为中国最精美的泥塑佛像群之一。三本尊趺坐于宝座,胁侍尊者、菩萨、金刚护卫。这组群像外形秀丽,色泽柔美黯淡,逃脱了中国古老造像的常例,未遭后世"翻新"之厄。

华严寺薄伽教藏殿内的辽代塑像

华严寺薄伽教藏殿内的辽代塑像

在实践中创造了某一些属于辽的特殊风格和传统。后来这种风格又继续影响关内在辽境以内的建筑——北京天宁寺辽砖塔就是辽独创作风的典型例子，而木构建筑如著名的蓟县独乐寺观音阁和应县佛宫寺木塔却带着更多的唐风，而后者则是中国木造佛塔的最后一个实例。

唐、五代和辽的建筑是同属于一个风格的不同发展时期。关于这一阶段的中国建筑，更应该提到的是它对朝鲜、日本建筑重大的影响。

北京天宁寺辽塔

8 / Aug.
宋代建筑

梁思成在圣母殿前宽阔的前廊处拍摄照片

8 Aug.	M	T	W

T	F	S	S

北宋

宋代建筑是在唐代已取得的辉煌成就的基础上发展起来的。但宋代建筑的特点与唐代的有着极大区别。

宋建筑的整体风格,初期的河北正定隆兴寺大阁残部所表现,仍保持魁伟的唐风。但作为首都和文化中心的汴梁是介于南北两种不同建筑风格中间,同时受到五代南方的秀丽和唐代北方壮硕风格的影响,或多或少地已是南北作风的结合。

太原晋祠

山西太原晋祠圣母庙一组是这一作风的范例,虽然在地理上与汴梁有相当的距离。注重重楼飞阁较繁复的塑型,受到宫中不甚宽敞地址的限制,平面组合开始错落多变化:宫廷中藏书的秘阁就是这种创造性的新型楼阁。它的结构是由南方吴越来的杰出的木工喻皓所设计,更说明了它成就的来源。

5·366

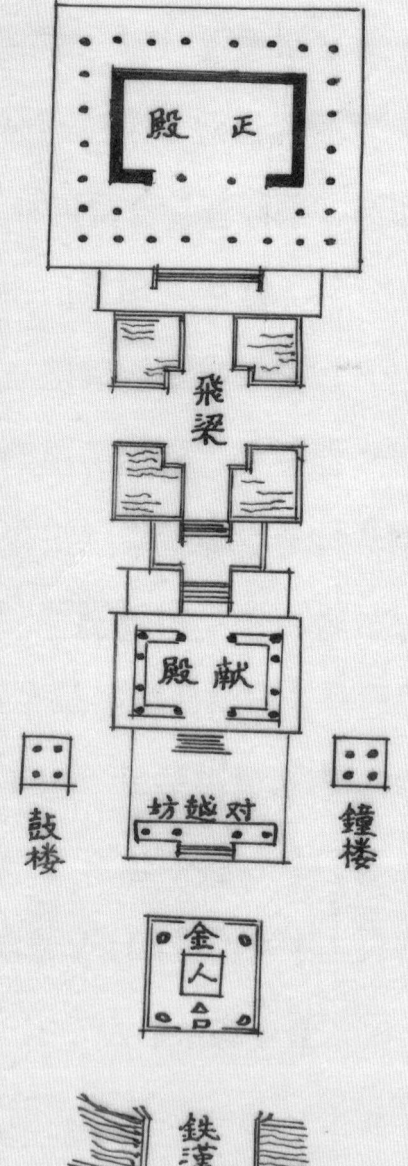

太原晋祠聖母廟平面速寫略圖（無縮尺）

廿四年五月默寫

这是一组重要的宋代早期建筑，包括一座重檐正殿圣母殿，殿前为一座桥（飞梁），桥下是一个长方形的水池（鱼沼）；再往前是一座献殿和一座牌楼；再前是一个平台，上有四尊铁铸太尉像（金人台）。桥和两座殿都建于宋天圣年间。除彩画外，全部建筑保存完好，虽经历代修缮，却基本未损原貌。

太原晋祠献殿

在晋祠斗栱上有一个新东西所谓假昂，华栱成了一个附加装饰品，这是一种退化的标志。这种做法最终成了明、清的定制。然而，在这样早期的建筑上见到它，确是一种不祥之兆，标志着后来的建筑在结构上脱离朴实性的倾向。

飞梁

"飞梁",是指架在"鱼沼"之上平面十字形之桥,即古所谓石柱桥,此物只在古画中偶见,实物仅此一例。

正殿与献殿之间的"飞梁"顶部

正殿与献殿之间的"飞梁"底部

苏州罗汉院双塔

南方型真正的塔的实例保存得比较完整的是苏州罗汉院的双塔。与同时期的北方型相比,它们在通体比例上显得较为纤细。这一对塔规模不大,高度由地到刹顶也不过二十米,斗栱和檐瓦都比较完整地保存下来,给我们留下了这类塔型比较完整的形象。罗汉院双塔是公元982年建成的。

江苏吴县罗汉院双塔

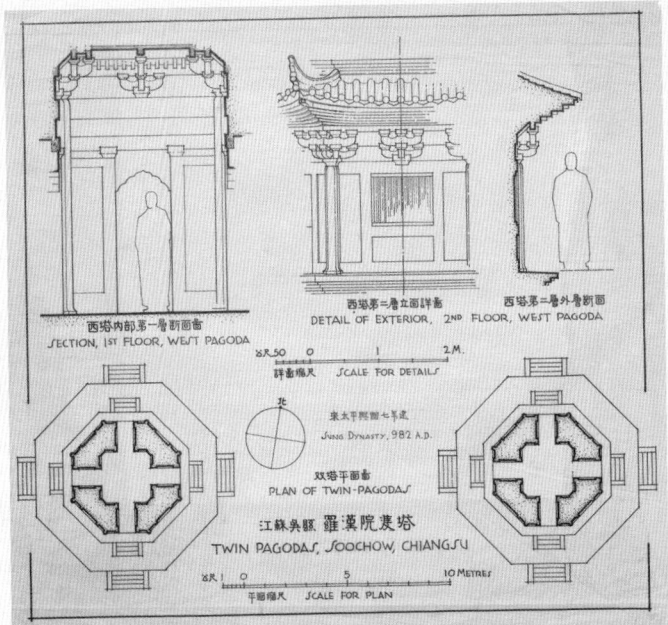

赵县经幢

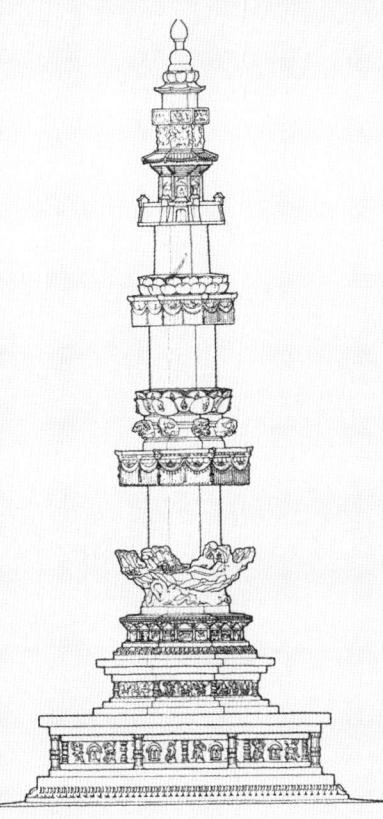

赵县经幢

宋代建造经幢之风甚盛,在宋代诸幢中,以河北赵县幢为最大,它雕饰精美,比例优雅,为宋初 11 世纪所建。在宋代灭亡后,这种纪念性建筑渐渐不再流行。

永寿寺雨华宫

永寿寺雨华宫，建于宋大中祥符元年（1008年），这座小殿既不宏伟，又已破败，因而乍看起来并不引人，但它那种令人愉悦的美却逃不过内行的眼睛。雨华宫的结构，最成功的一点是省略掉不必要的构材，没有加任何的装饰，表现出纯结构的美，它是唐宋木构过渡形式的重要实例。在20世纪50年代，雨华宫因为修建铁路而被拆除。

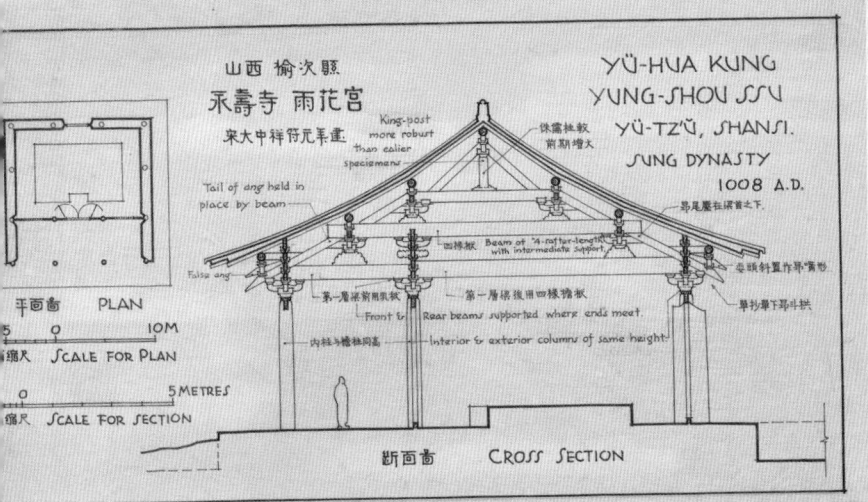

汴梁宫廷建筑

汴梁宫廷建筑的华丽倾向和因官中代代兴建,缺乏建筑地址,平面布置上不得不用更紧凑的四合围拢方式或两旁用侧翼的楼和主楼相连,或前后以柱廊相连的格式。这些显然普遍地影响了宋一代权贵私人宅第和富豪商贾城市中建筑的风格。

到了北宋末赵佶(徽宗)一代,连年奢侈营建,不但汴梁宫苑寺观"殿阁临水,云屋连簃",层楼的组群占重要位置,它们还发展到全国繁华之地,有好风景的区域。虽然实物都不存在,今天我们还能从许多极写实的宋画中见到它们大略的风格形象。它们主要特征是,歇山顶也可以用在向前向后的部分,上面屋脊可以十字相交,原来屋顶侧面的山花现在也可以向前,因此楼阁嶙峋,在形象上丰富了许多。

宋画中最重要的如黄鹤楼图、滕王阁图及清明上河图等等，都是研究宋建筑的珍贵材料。日本镰仓时代的建筑受到我们这一时期建筑很大的影响，而他们实物保存得很好，也是极好的参考材料。总之，在城市经济繁荣的基础上所发展出来的，有高度实用价值，形象优美，立面有多样变化组合的楼阁是宋代在中国建筑发展中一个重大贡献。

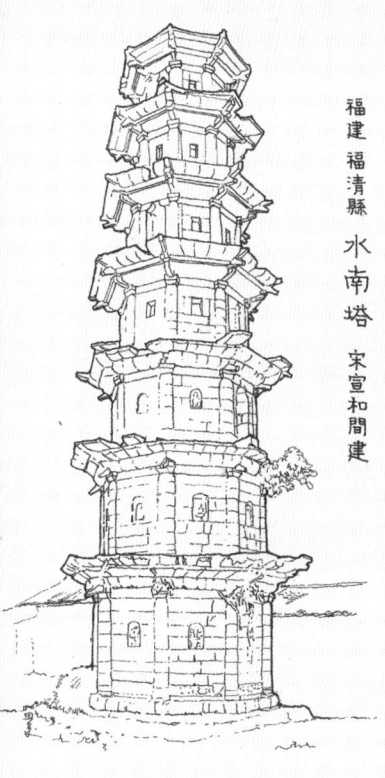

福建福清縣 水南塔 宋宣和間建

SHUI-NAN T'A
FU-CH'ING · FUCHIEN ·
SUNG DYNASTY · 1118-25
DRAWN FROM PHOTO BY G. ECKE

228·366

四川宜賓縣舊州壩白塔
宋崇寧大觀間建
M.
5
0
1公尺
前面立面圖 FRONT ELEVATION
5M.
0
1公尺
北
上
下層平面圖 GROUND FLOOR PLAN
PAGODA AT CHIU-CHOU-PA,
YI-PIN, SZECHUAN
SUNG DYNASTY, 1102-09 A.D.

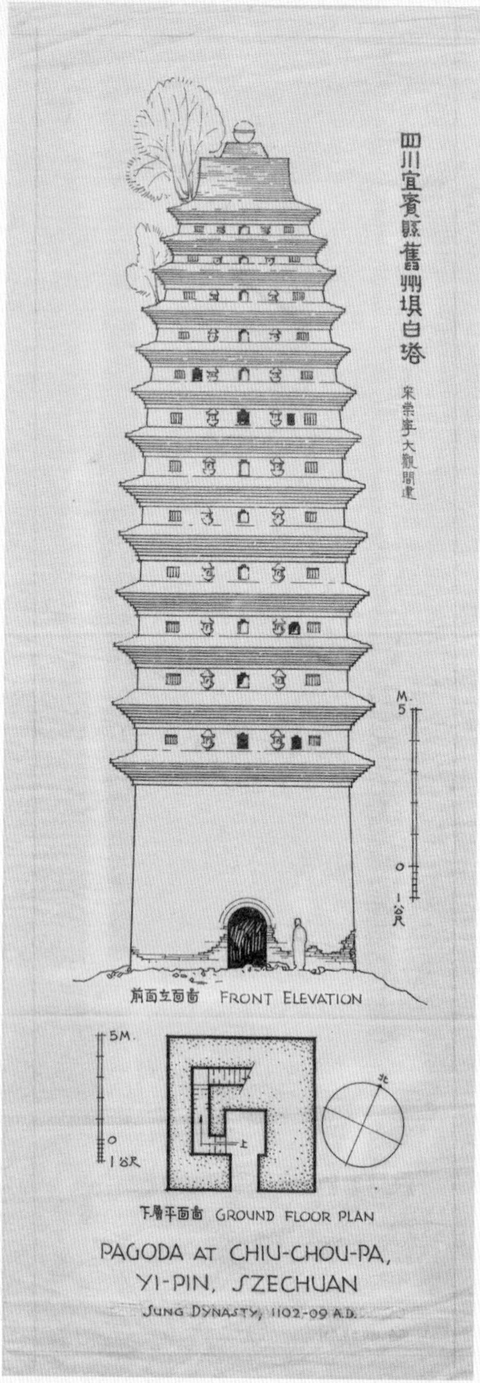

《营造法式》

因为宋代曾采用匠人木经编成中国唯一的一本建筑术书《营造法式》,记录了各种建筑构件相互间关系及比例,以及斗栱砍削加工做法和彩画的一般则例,对后代官匠在技术上和艺术上有一定的影响。

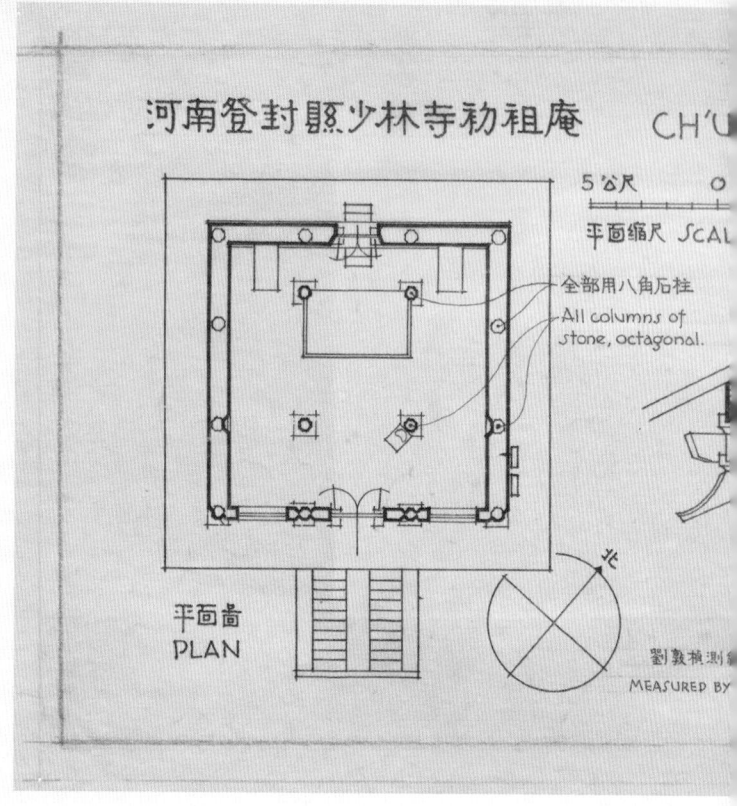

在现存的宋代建筑中，其建造年代与《营造法式》最接近的是一座很小的殿——河南嵩山少林寺的初祖庵。殿为方形，三间。其石柱为八角形，其中一柱刻有宋宣和七年（1125年）字样，距《营造法式》刊布仅22年。其总体结构相当严格地依照了《营造法式》的规定，其斗栱更是完全遵循了有关则例。

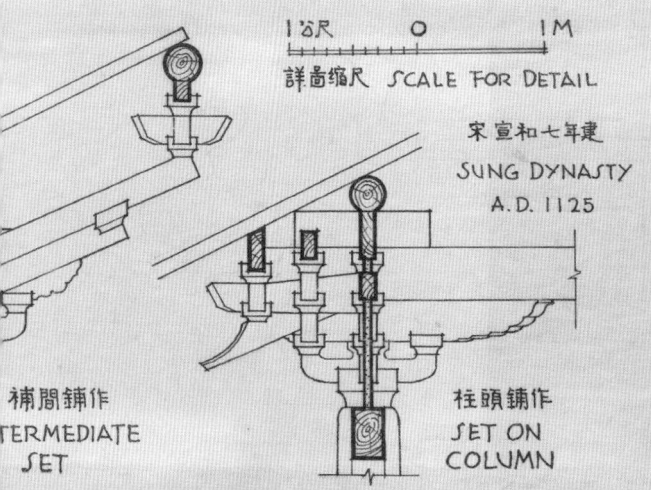

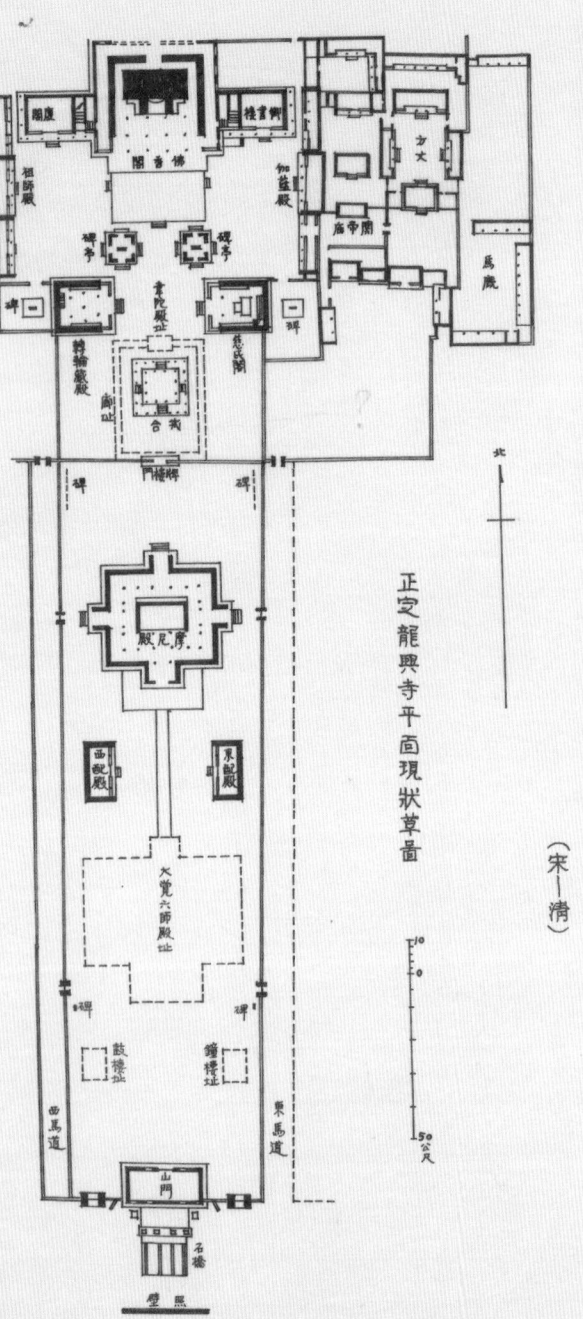

正定隆兴寺

河北正定县的隆兴寺,保存了一批早期的宋代建筑物。由最前面的山门到最后面的大悲阁,原来一共有九座主要建筑。

尽管今天其中已经有两座完全坍塌,主要的大悲阁也在严重损坏后,仅将残存部分重修保留下来,改变了原来的面貌;但是还能够把原来组群的布局相当完整地保存下来。

隆兴寺山门

寺的山门尽管保存得还不错，却是18世纪重修后的混合物，一些按清式的小斗栱竟被生硬地塞进巨大的宋代斗栱原物之间，显得不伦不类。

隆兴寺大悲阁

在这个组群中,大悲阁是最主要的建筑,阁内供养一尊巨大的千手观音铜立像。可惜原来环绕着这座铜像的阁本身已经毁坏得很厉害。大悲阁的左右两侧各有一楼,楼阁并列,在构图效果上形成了整个组群的最高峰。

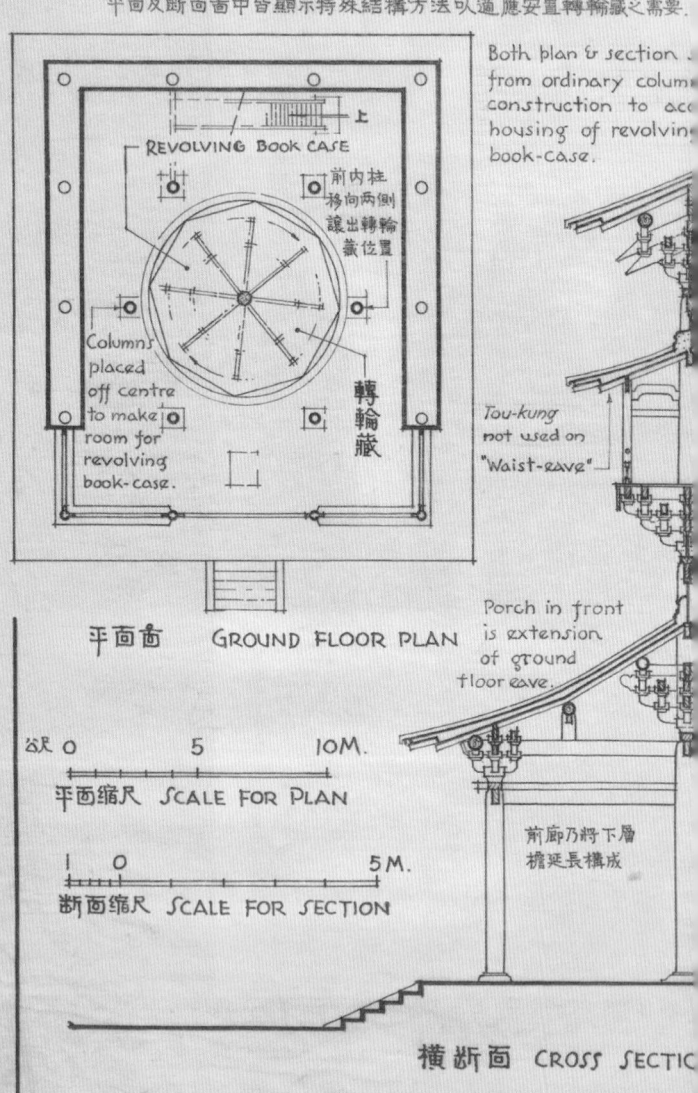

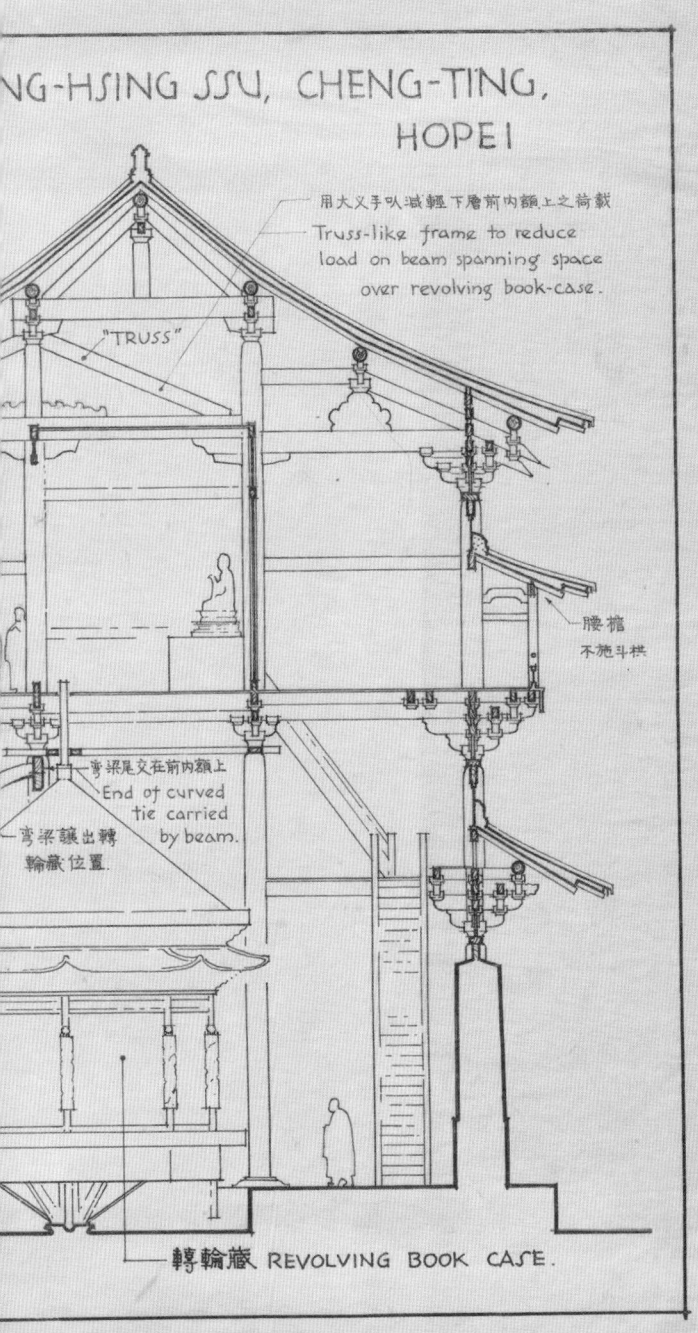

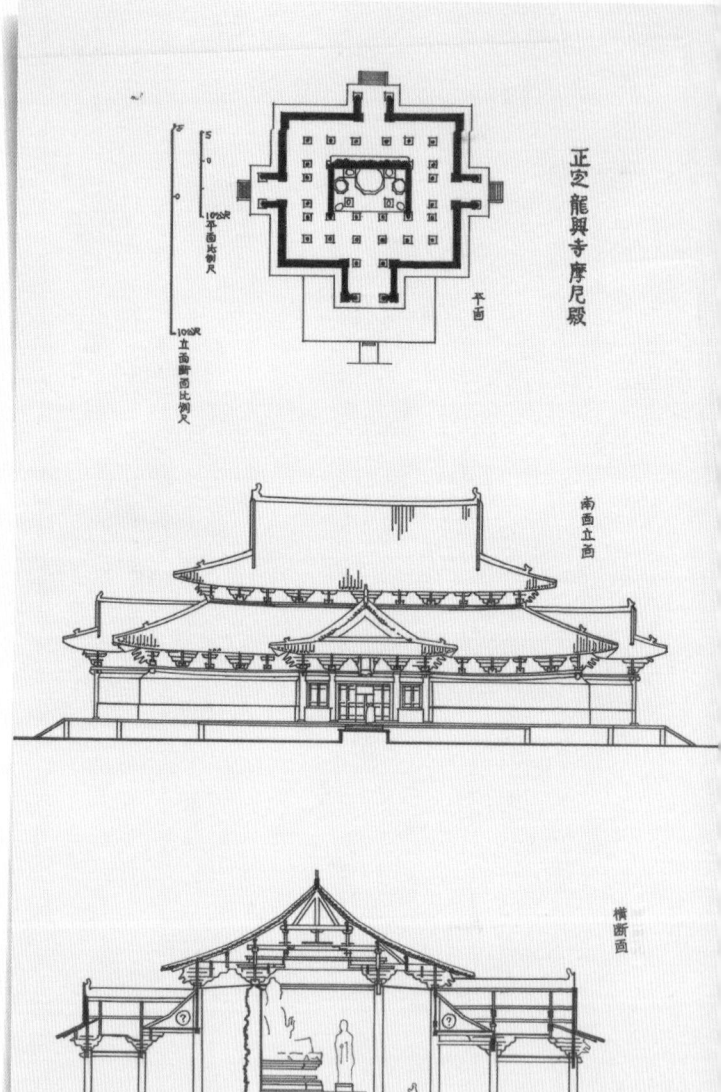

正定龍興寺摩尼殿圖（金）？

隆兴寺摩尼殿

与大悲阁相对在轴线上是一个十八世纪建造的戒坛。戒坛的前面是摩尼殿,平面正方形,每面突出一个抱厦,抱厦屋顶以山墙朝向正面,从而形成了极其优美丰富的屋顶轮廓线。这种做法常可见于古代绘画,但实物却很难得。斗栱大而敦实,虽然每间只用补间铺作一朵,但有辽代惯用的斜栱。檐柱明显地向屋角渐次加高,给人以一种和缓感。

正定隆兴寺摩尼殿

240·366

隆兴寺转轮藏殿

大悲阁前面庭院的左右两侧,各有一座小楼,其中一座是转轮藏殿,整座小楼的设计就是为一个转轮藏而构成的。殿中对内柱的位置做了改动,为转轮藏让出了空间。而这又影响到上层"彻上露明造"的梁架结构,其中众多的构件巧妙地结合为一体,犹如一首演奏得极好的交响曲,其中每个乐部都准确而及时地出现,真正达到了完美、和谐的境地。到现在为止,这个转轮藏是中国现存唯一第十世纪的真正可以转动的佛经的书架。

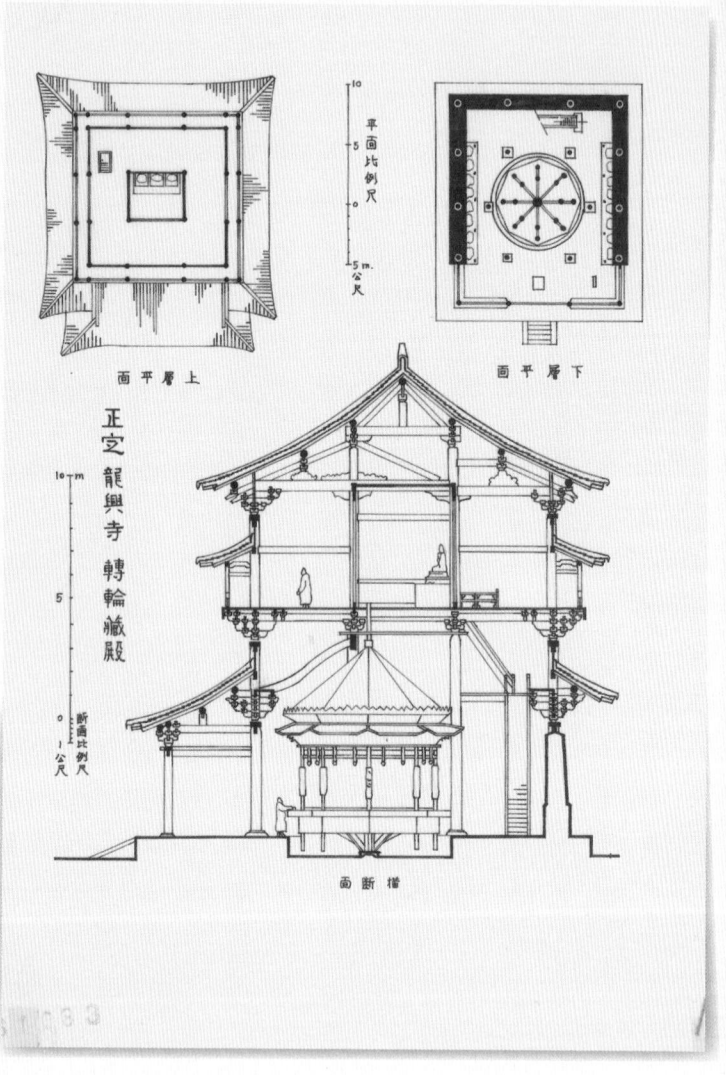

正定龍興寺轉輪藏殿

上層平面　下層平面　橫斷面

转轮藏是一个中有立轴的八角形旋转书架，为此类构造中一个罕见的实例。它的外形如一座重檐亭子，建筑构件的处理极为精致。下檐八角形，上檐圆形，两檐都采用了复杂的斗栱。由于这项小木作严格遵循了《营造法式》中的规定，所以是宋代构造的一个极有价值的实例。

殿内阿弥陀佛

南宋

南宋重修的城市寺观起初仍极为奢华，结构逐渐纤弱造作，手法也改变了。这时期的重要贡献是建筑和自然山水花木相结合的庭园建筑在艺术上的成就。宫廷在临安造园的风气影响到苏州和太湖区的私家花园，一直延续到后代明、清的名园。

9 / Sep.

金元建筑

梁思成在大足北崖佛湾摩崖造像前

9

Sep.

M	T	W

T	F	S	S

金

245·366

金的统治阶级是文化落后于汉族的女真族。金的建设意识上反映着模仿北宋制度的企图。从事创造的是汉族人民，在工艺技术上是依据他们自己的传统的。而当时北方一部分却是辽区域作风占重要位置，因此宋辽混合掺杂的手法的发展是它的特点之一。

有一些金代建筑实物在结构比例上完全和辽一致,常常使鉴别者误为辽的建筑。另有一些又较近宋代形制。

366

249·366

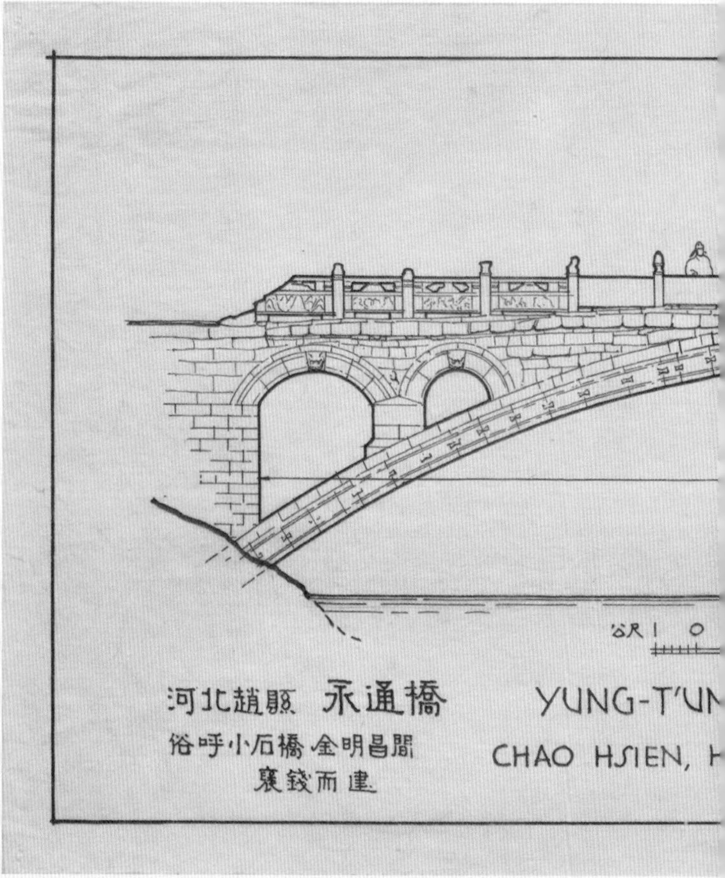

河北趙縣 永通橋
俗呼小石橋 金明昌間
襄錢而建

YUNG-T'UN
CHAO HSIEN, H

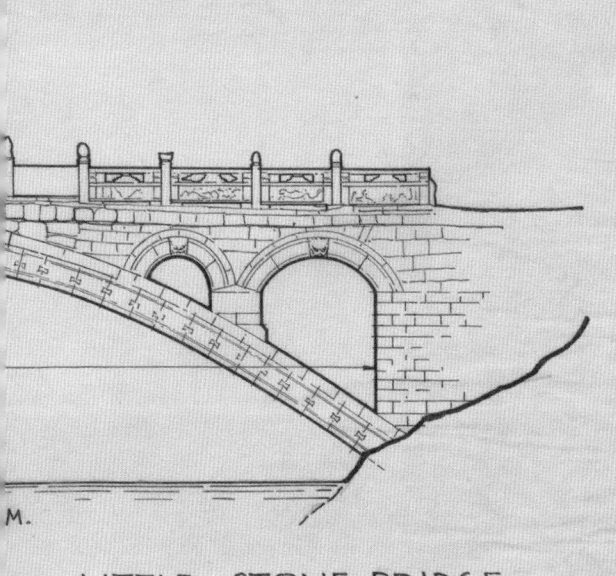

OR LITTLE STONE BRIDGE
-CH'ANG PERIOD, 1190-95, CHIN DYNASTY.

山西大同善化寺
三聖殿

當心間橫斷面

0 5 metre

中國營造學社測繪

民國廿二年九月實測
廿三年五月製圖

第三种则是以不成熟的手法,有时形式地模仿北宋颓废的繁琐的形象,有时又作很大胆的新组合,前者如大同善化寺三圣殿,后者如正定广慧寺华塔,都是很突出的。像华塔那样的形式,可以说是一种紧凑的群塔,是一种富于想象力的创造。

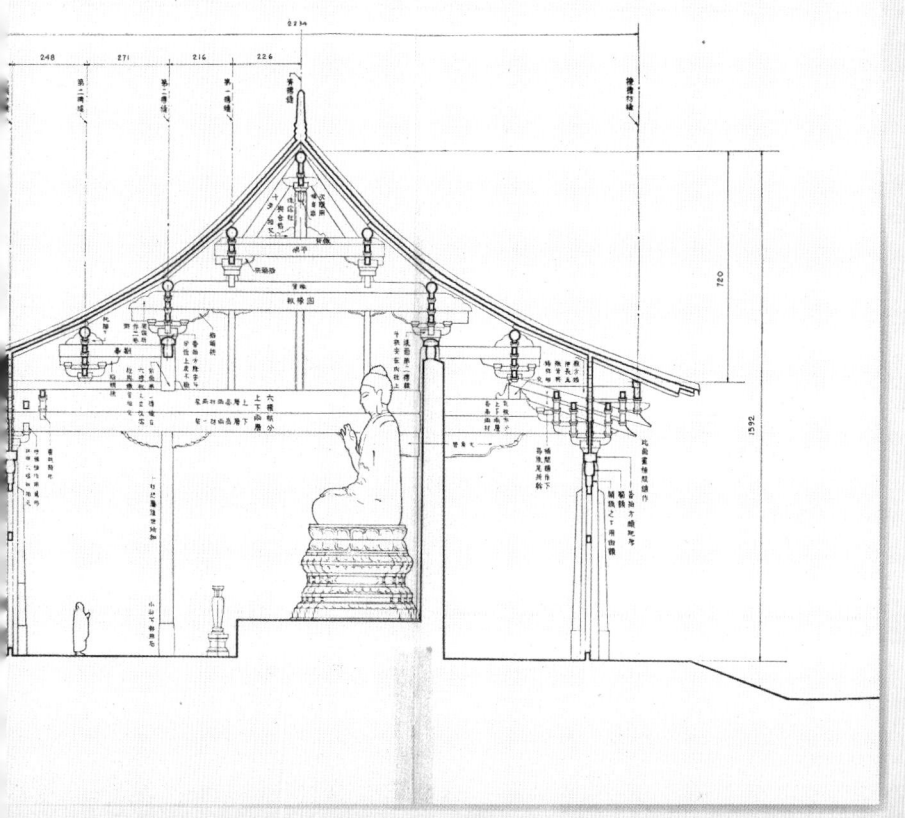

253·366

正定广慧寺华塔

金中都

金人改建了辽的南京（今天北京城西南广安门内外一带），扩大了城址，称作中都。这次的兴建是金海陵王特命工匠监官模仿北宋首都汴梁而布置的。因此中部吸取了宋的城市宫城格局的一切成就，保存了北宋宫前广场部署的优良传统。

中都宫前的御河石桥，两侧的千步廊也就是元大都的蓝本。明清两代继续沿用这种布局：今天北京的天安门前和午门、端门前壮丽的广场，就是由这个传统发展而来的。

元

元代一般的地方建筑也是空前地粗糙简陋的。这时期统治阶级的建筑是劫掳各先进民族的工匠建造的，因此有一些部分带有其他民族的风格，大体是继承了金和南宋后期细致纤丽的风格。

周公测景台

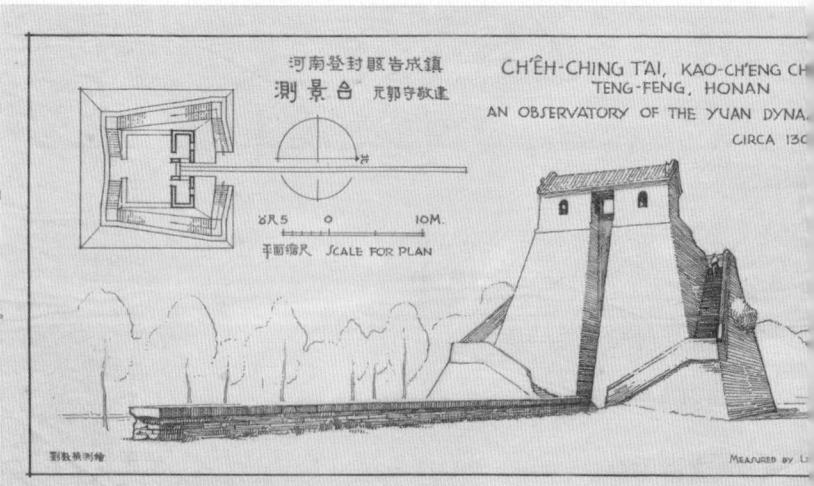

元大都

元代的京城大都（现北京）是蒙古族摧毁了金的中都之后创建的。这座在宽阔的平原上新创的城市，在平面上表现着整齐的几何图形观念：城的平面接近正方形，以高大的鼓楼安置在全城的几何中点上。

皇宫的位置是在城内南面的中轴线上。这是参照周礼"面朝背市，左祖右社"的思想，综合金代中都所沿袭的宋汴京的规划，依照当时蒙古族的需要而创建的。这种以高大的鼓楼作全城中心的方式，现在在北方的一些中小城市中仍可以看到它的影响。

元大都的宫殿建筑是以豪华精致的中国木构式样为主。一般宫殿建筑组群的主殿是采用工字形平面，前殿是集会和行政的殿堂，用廊连接的后部就是寝殿。殿内的布置，是用贵重的毛皮或丝织品作壁幛，完全掩蔽了内部的墙壁和木构。这种布置与汉族官廷内分作前朝和后宫的方式不同，内部的处理仍旧保留着游牧民族毡帐生活的习惯。

元代宫殿的木构建筑方面进一步发展了琉璃，从宋代的褐、绿两种色彩发展成黄、绿、蓝、青、白各色，普遍地应用到宫殿和离宫上，更丰富了屋顶的色彩。

元代的统治阶级以吐蕃(西藏)的喇嘛教作为国教,吐蕃的建筑和艺术在元代流传到华北一带,出现了很多西藏风格的喇嘛塔。

北京妙应寺白塔

北京妙应寺白塔、居庸关过街塔

矗立在北京的妙应寺白塔就是这时期最宏伟的遗物。从著名的居庸关过街塔残存基座上的雕刻纹样手法上也可以看到当时西藏艺术风格盛行的情况。

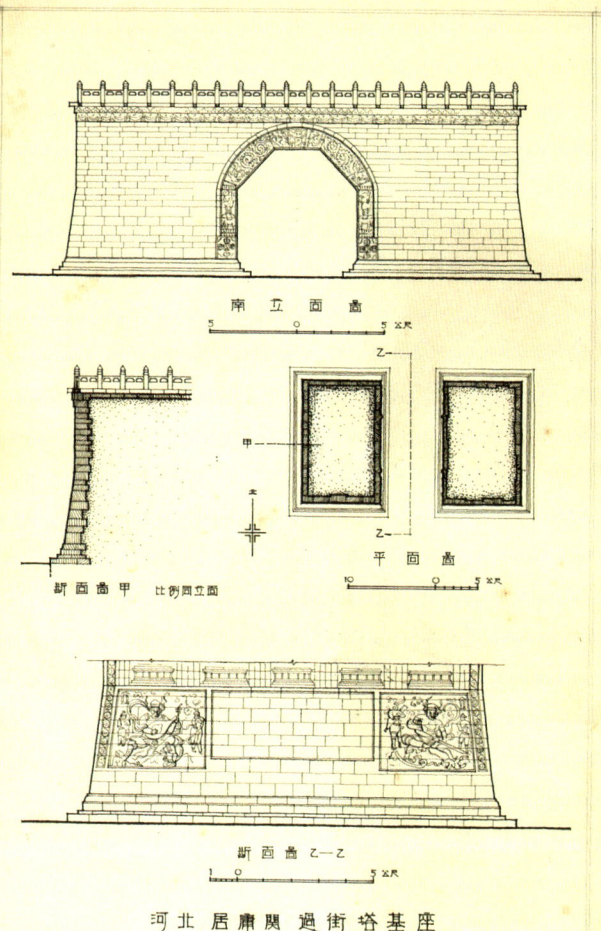

河北居庸關過街塔基座

都城以外的建筑仍是汉族工匠建造的，继续保持着传统的中国风格。其中一种类型可能是地方的统治阶层兴建的，比较细致精巧，但带有显著的公式化倾向，工料也比较整齐，典型的代表例如正定的关帝庙，定兴的慈云阁。

另一种是施工非常粗糙，木料贫乏到用天然的弯曲原木作主要的构架，其中的结构是煞费苦心拼凑成的。现存的这类建筑大多是当地人民信仰的祠庙或地方性的公共建筑。例如河北正定的阳和楼，曲阳北岳庙的德宁殿，安平的圣姑庙或山西赵城的广胜寺。这后一种在困难的物质条件限制下表现了比较多的设计意匠。

正定阳和楼

阳和楼，当为金末元初所建，在河北正定县城中央。七间大殿立在大砖台上，予人的印象，与天安门端门极相类似。在大街上横跨着拦住去路，庄严尤过于罗马君士坦丁的凯旋门。在作风上着眼，值得注意的第一点是角柱之生起，非常显著。

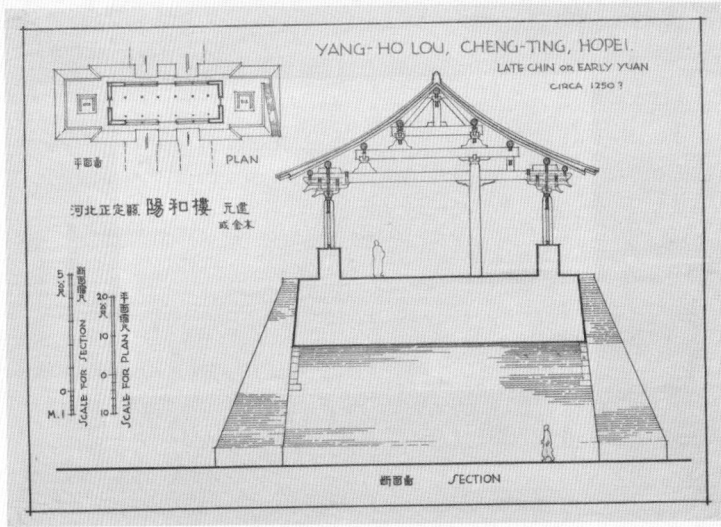

河北安平圣姑庙

曲阳北岳庙德宁殿

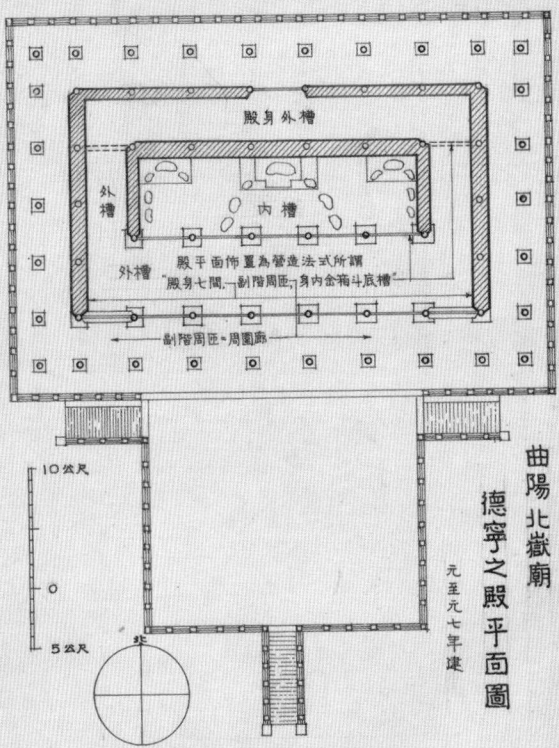

PLAN OF MAIN HALL · PEI-YUEH MIAO
CH'Ü-YANG · HOPEI · 1270

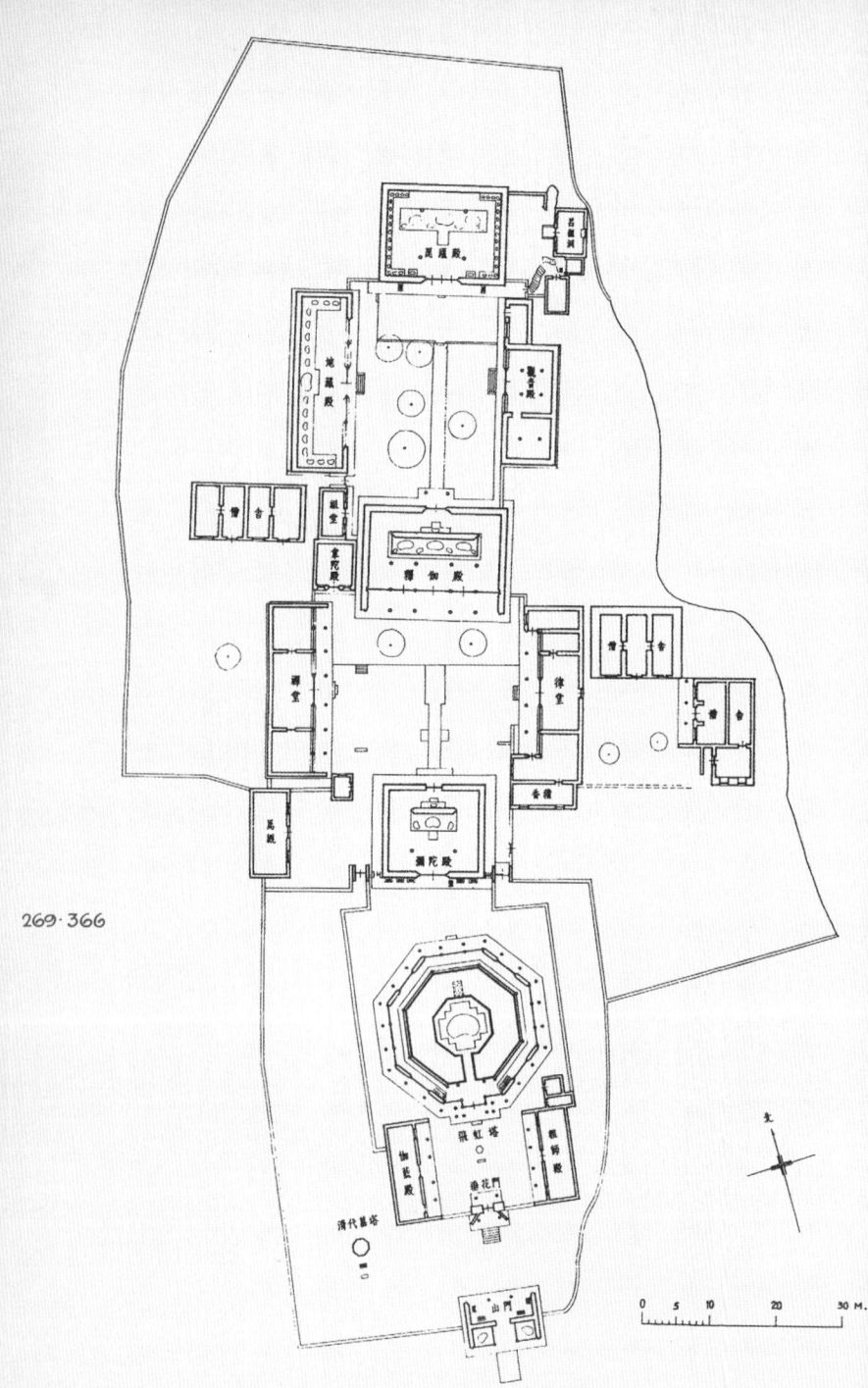

山西赵县广胜寺上寺总平面图

广胜寺

有两个蒙古统治时代建造的组群——广胜寺。这两个组群是一个寺院的两部分,一部分在山上叫作上寺,一部分在山下叫作下寺。由于地形的不同而呈现不同的轮廓线。在组群的最南端,也就是在山末最南端的一个小山峰上建造了一座高大的琉璃塔。尽管这座琉璃塔是十五世纪建成的,却为十四世纪的整个组群起了画龙点睛的作用。

下寺的规模比较小,可以说是上寺的附属组群。在这两个组群中,结构上大量地采用了蒙古统治时代所常用的圆木作结构,并且用了巨大的斜昂,构成类似近代的桁架的结构。这种结构只在蒙古统治时期短短的一百年间,昙花一现地使用过,在这以前和以后都没有看见。

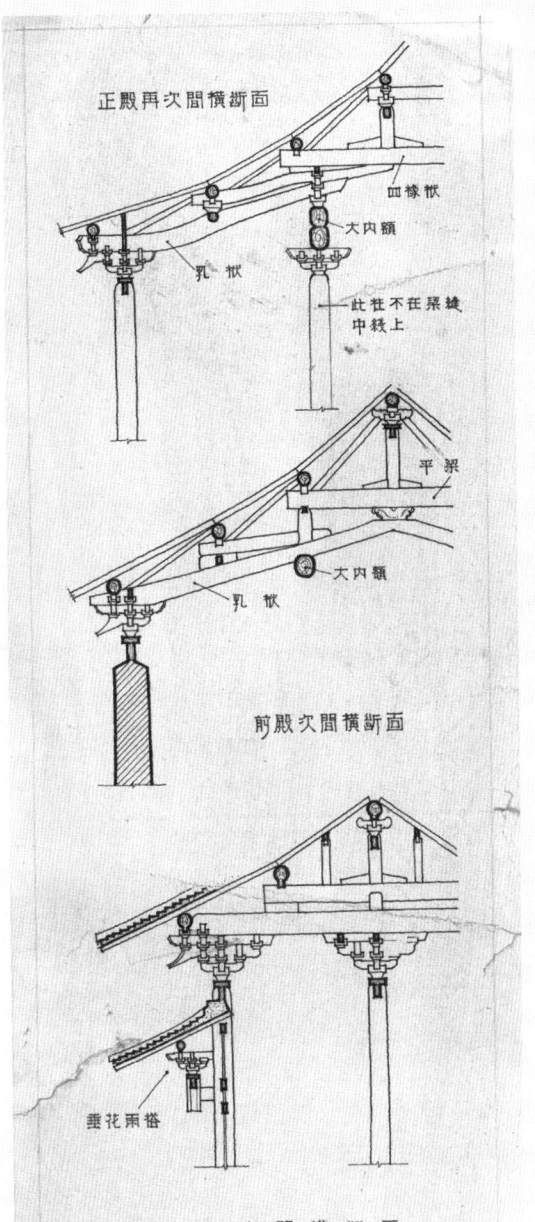

广胜寺下寺山门

273·366

广胜寺水神庙明应王殿,约建于 1320 年,殿内饰有壁画,其中有元代演剧场面。这种以世俗题材作为宗教建筑装饰的实例是很少见的。

10 / Oct.

明清建筑

梁思成在测绘河北邢台天宁寺塔

10

Oct.

M	T	W

T	F	S	S

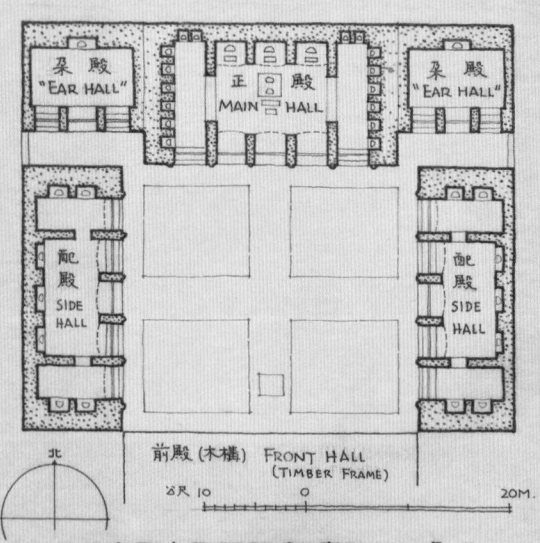

明

明朝建立以后不久，官式建筑很快就在布局、结构和造型上出现了与前一阶段区别显著的转变。在一切建置中都表现了民族复兴和封建帝国中央集权的强烈力量。

明初两京的两次大建设将南北的高手匠工作了两次大规模调配，使南方北方建筑和工艺的特长都得以发挥出来，汇合为一，创造出明代的特殊风格。西南的巨大楠木，大量在北京使用。这样的建筑所反映的正是民族复兴的统一封建大帝国的雄伟气概。

朱棣（成祖）迁都北京，在元大都城的基础上，重新建设宫殿、坛庙，都遵南京制度，而规模比南京更大。今天北京的故宫大体就是明初的建置。虽然大部分殿堂已是清代重建的，明朝原物还保存若干完整的组群和个别的主要殿宇。

孔庙

孔庙自汉代以降就属国家管理,是中国唯一一组有两千余年未间断的历史的建筑物。现在孔庙是一个巨大的建筑群,占据了县城的整个中心区。其布局是宋代时定下的。围墙之内包括了不同时期的众多建筑,可谓五光十色。其中最早的是建于金代,即1195年的碑亭,最晚的则建于1933年。其中元、明、清三代,在这里都有建筑遗存。

曲阜孔庙本无奎文阁,至宋天佑二年始建"书楼",金明昌二年赐名"奎文"。现存之奎文阁是在明弘治十七年所重建也。

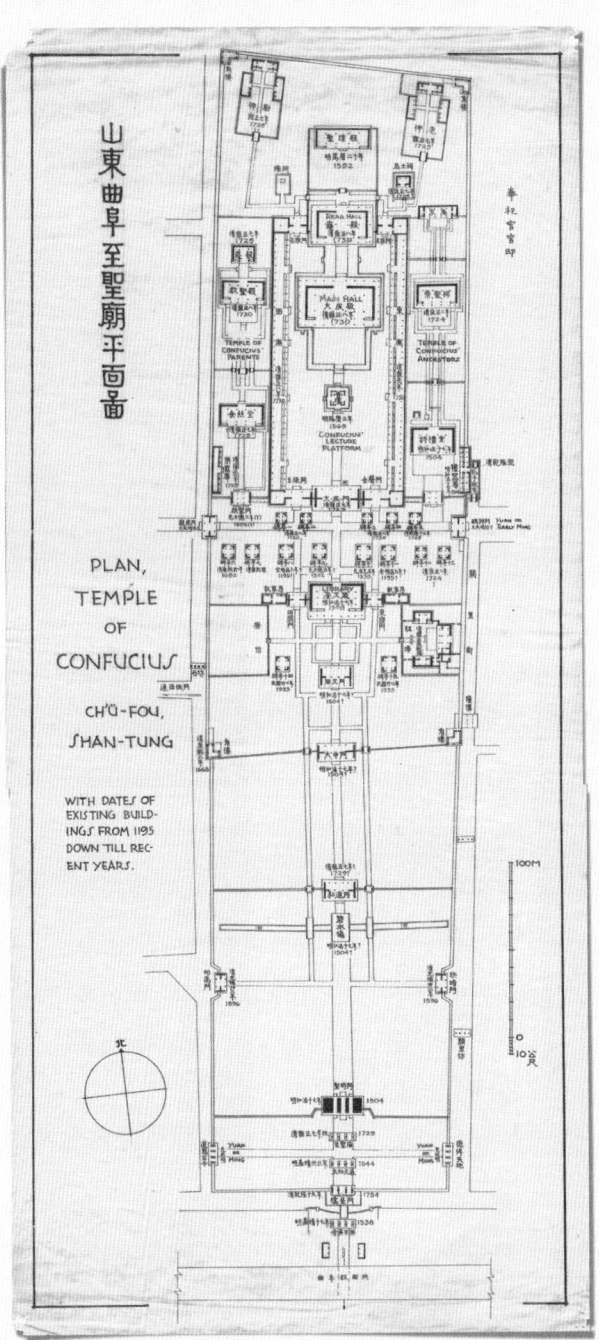

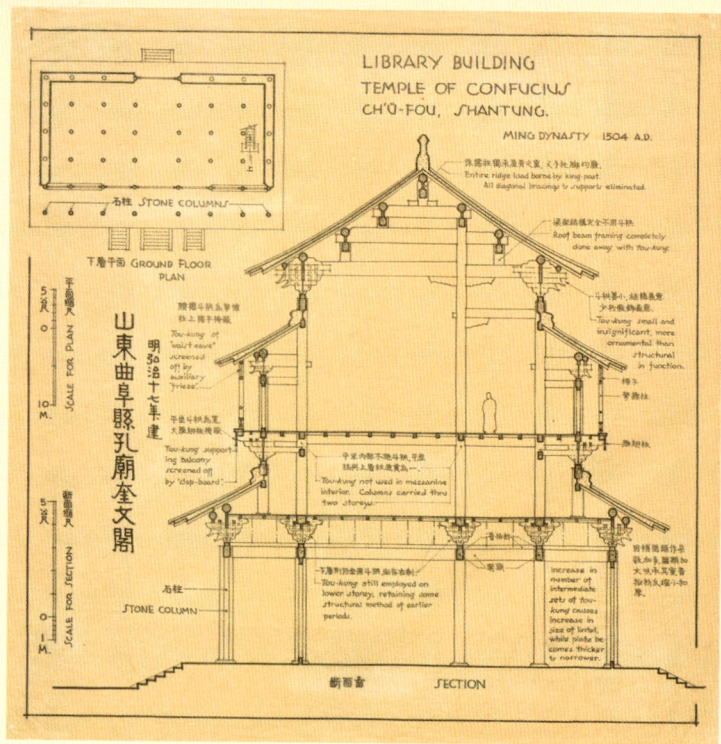

281·366

社稷坛、太庙、天坛

社稷坛（今中山公园）、太庙（今劳动人民文化宫）和天坛，都是明代首创的宏丽的大组群；其中尤其是天坛在规模、气魄、总体布置和艺术造型上更是卓越的杰作。

北京故宫太庙

天坛

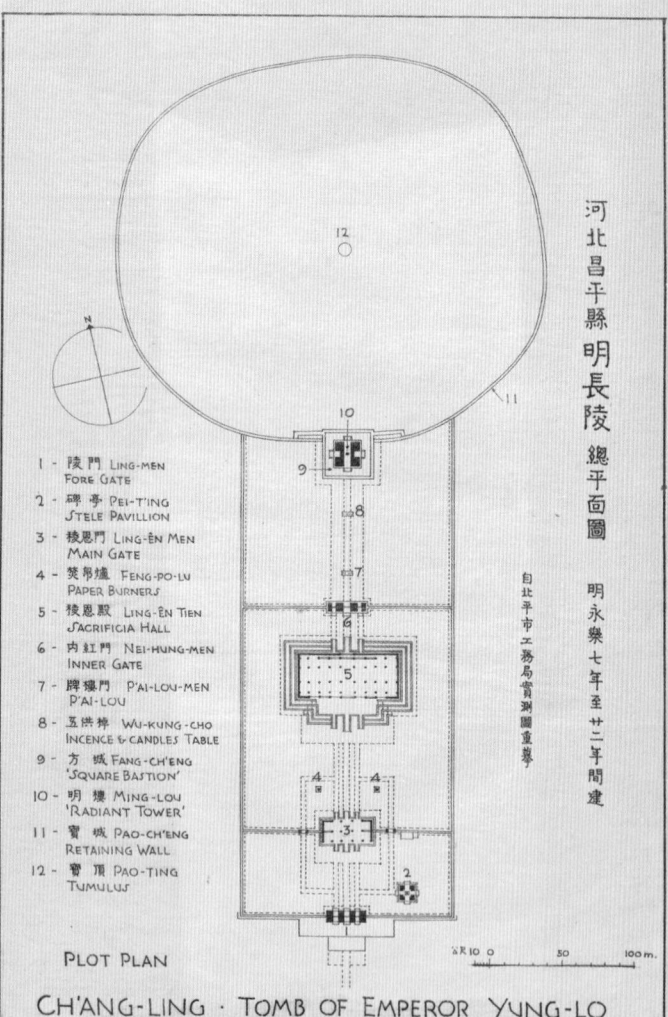

明长陵

昌平区天寿山麓的长陵（朱棣墓），以庙宇的组群同陵墓本身的地面建筑物结合，再在陵前布置长达8公里的神道，这一切又与天寿山的自然环境结合为一整体。气魄之大，意匠之高，全国其他建筑组群很少能和它相比的。

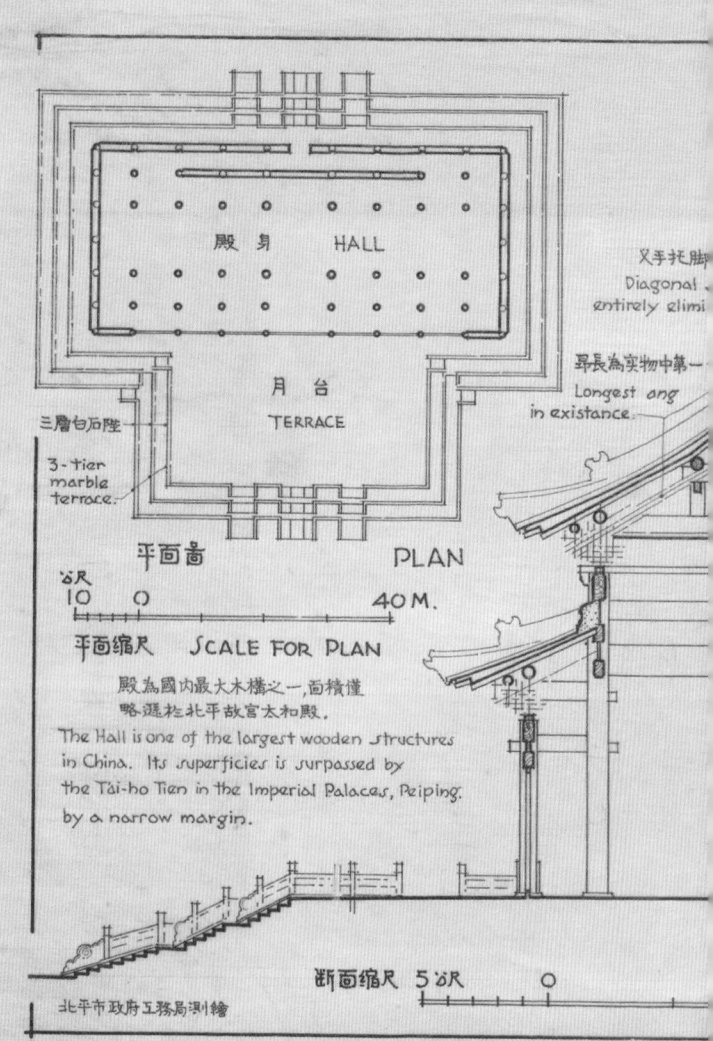

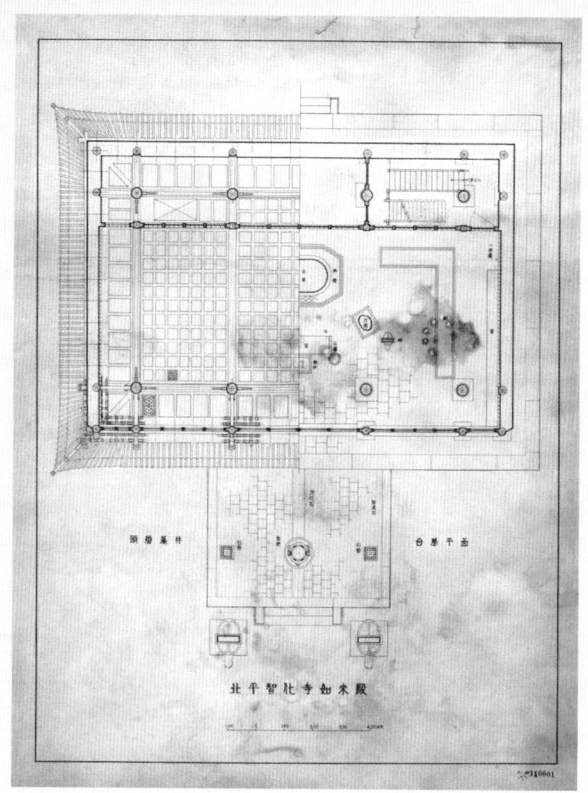

明朝"敕建"庙宇

自从朱棣把宦官干涉朝政的恶劣传统培植起来以后,宦官成了明朝二百余年统治权的掌握者。在建筑方面,这事实反映在一切皇家的营建方面。每一座明朝"敕建"的庙宇,都有监修或重修的太监的碑志,不然就在梁下、匾上留名。如北京的智化寺(王振建)、碧云寺(魏忠贤建),就是其中突出的例子。

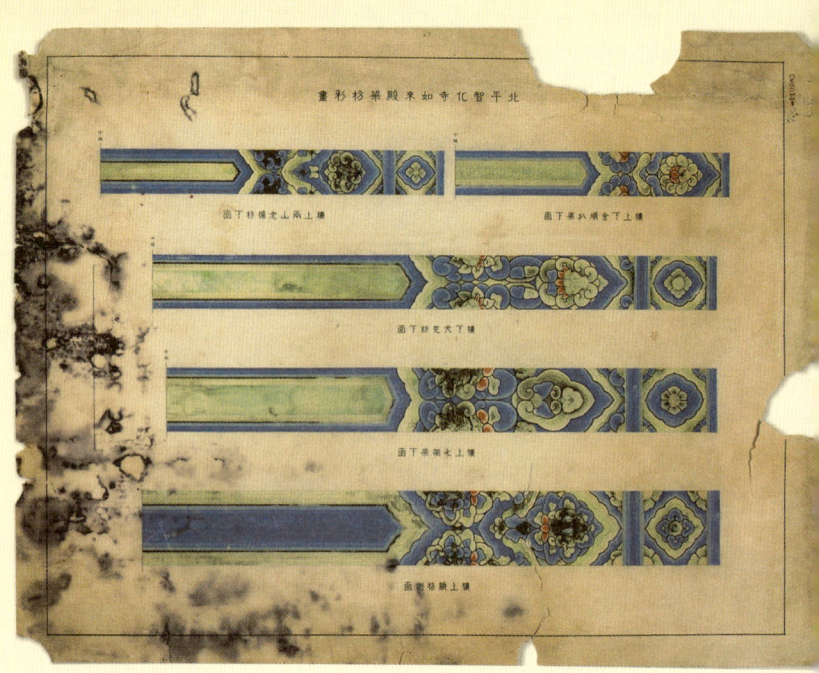

291·366

明代建筑使用大量楠木和质地优良的砖，工精料美，丝毫不苟。在建筑工程方面，榫卯准确，基础坚实，彩画精美，也是它的特色。琉璃瓦和琉璃面砖到了明朝也得到了极大的发展。

琉璃宝塔

除北京许多琉璃牌坊和琉璃花门外,许多地方还出现了琉璃宝塔,其中如南京的报国寺七宝琉璃塔(太平天国战争中毁)和山西赵城广胜寺飞虹塔,都说明了在这方面当时普遍的成就。

广胜寺飞虹塔

北京真觉寺金刚宝座塔

"金刚宝座式"塔

在明中叶的初期,由印度传入"金刚宝座式"塔,在一个大塔座上建造五座乃至七座的群塔。北京真觉寺(五塔寺)塔是这类型的最卓越的典型。这个塔型之传入使中国建筑的类型更丰富起来。

清

《工部工程做法则例》

为了适应当时情况,在康熙、雍正、乾隆三朝进行了各种制度和法律之制订。在这些制度之中也包括了《工部工程做法则例》七十二卷。这虽是一部约束性的书,将清代的官造建筑在制度和样式上固定下来,但是它对于今天清代建筑的研究却是一部可贵的技术书。

清朝建筑的高峰和一定的创造性主要表现在乾隆时代，那是满清二百六十余年间的"太平盛世"。弘历几度南巡，带来江南风格，大举营建圆明园、热河行宫，修清漪园（颐和园），在故宫内增建宁寿宫（"乾隆花园"），给许多艺匠名师以创造的机会。各园都有工艺精绝的建筑细部。

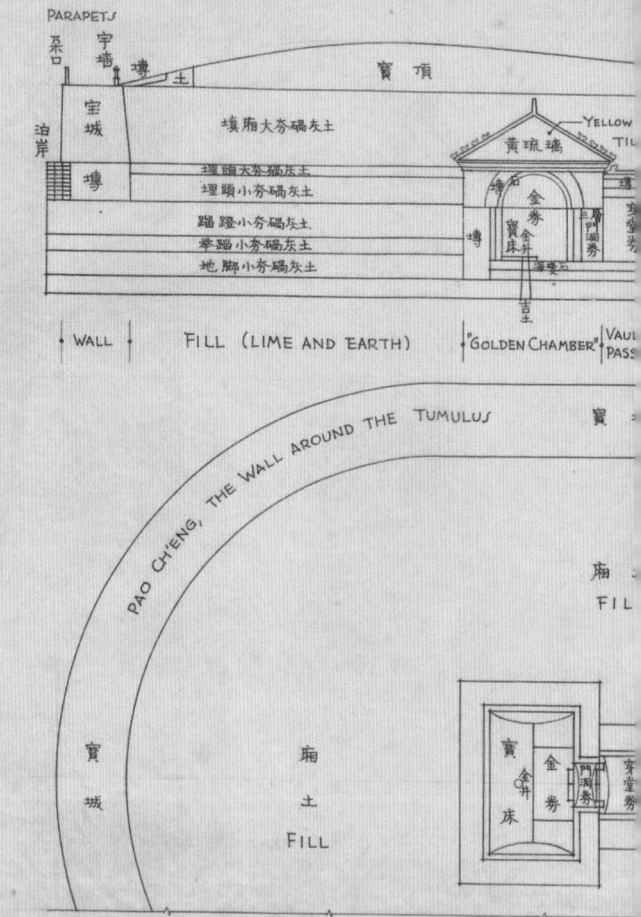

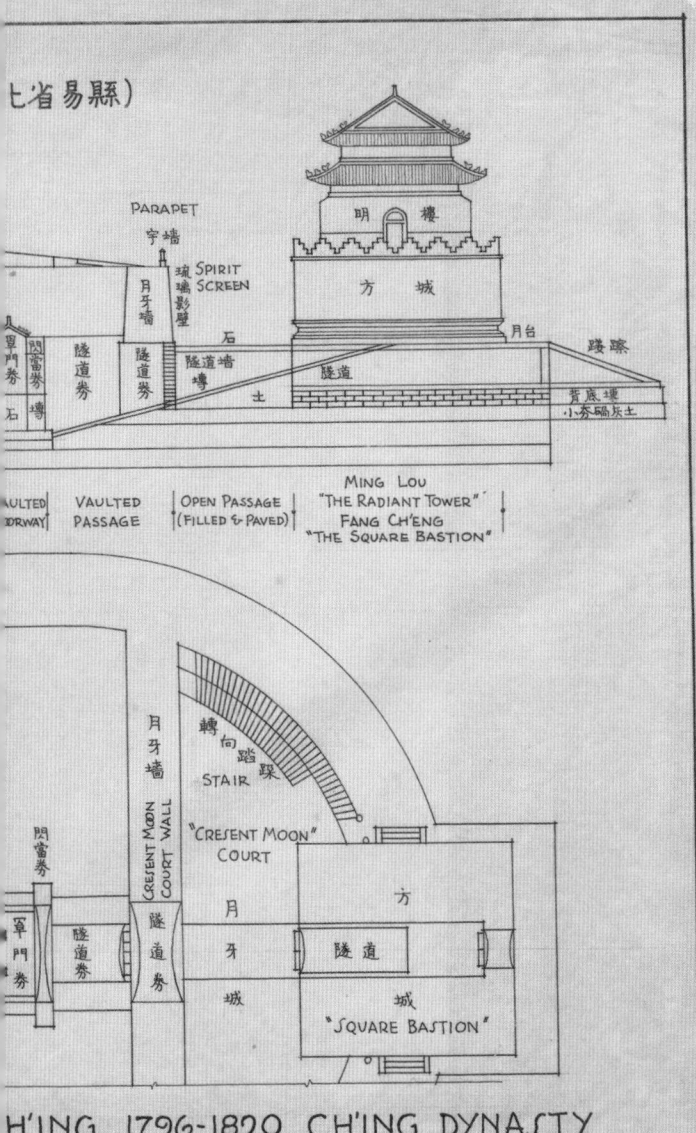

301·366

灌县竹索桥

灌县竹索桥在四川灌县,与著名的水利工程都江堰同样著名,而且在同一地点上的,就是竹索桥。在宽三百二十余公尺的岷江面上,它像一根线那样,把两面的人民联系着,使他们融合成一片。

在激湍的江流中,勇敢智慧的工匠们先立下若干座木架。在江的两岸,各建桥楼一座,楼内满装巨大的石卵。在两楼之间,经过木架上面,并列牵引十条用许多竹篾编成的粗巨的竹索,竹索上面铺板,成为行走的桥面。桥面两旁也用竹索做成栏杆。

西南的索桥多数用铁,而这座索桥却用竹。显而易见,因为它巨大的长度,铁索的重量和数量都成了问题,而竹是当地取不尽,用不竭,而又具有极强的张力的材料;重量又是极轻的。在这一点上,又一次证明了中国工匠善于取材的伟大智慧。

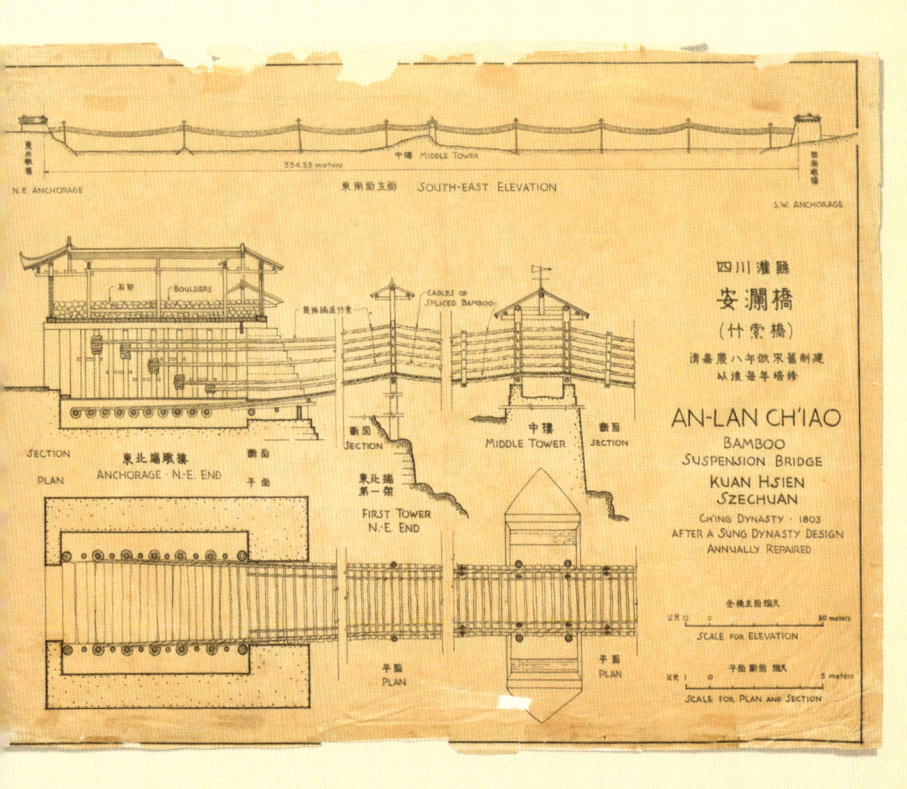

碧云寺塔

现存最大的一座金刚宝座塔在北京西山碧云寺。碧云寺塔上面不是五座而是七座塔，其中五座是密檐塔，两座是喇嘛式的瓶形塔，是1747年建成的。在1929年这座塔被改用为中国民族革命的先行者孙中山博士衣冠冢。在满洲族统治期间，这一类型的塔还在许多地方建造起来。

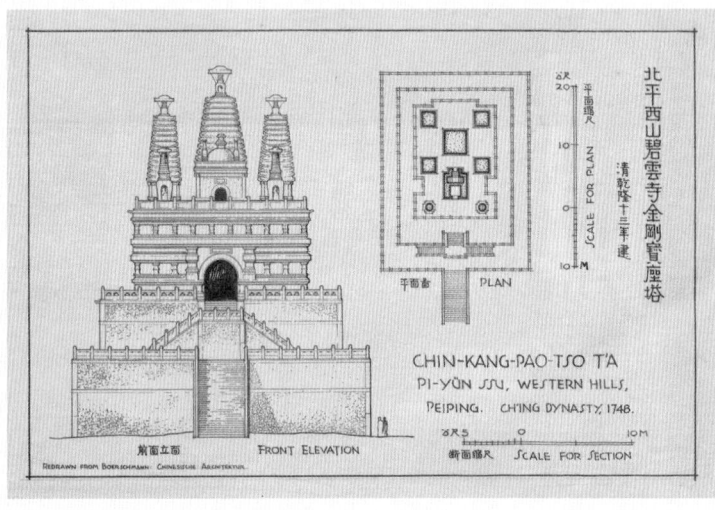

11 / Nov.
清代建筑

梁思成在寺庙内进行拍摄

11
—
Nov.

M	T	W

T	F	S	S

故宫

现存清代建筑物,最伟大者莫如北平故宫,清宫规模虽肇自明代,然现存各殿宇,则多数为清代所建,对照今世界各国之帝皇宫殿,规模之大、面积之广,无与伦比。紫禁城之全部布局乃以中轴线上之外朝三殿——太和殿、中和殿、保和殿为中心,三殿之后为内庭三宫——乾清宫、交泰殿、坤宁宫,更后则为御花园。中轴线上主要宫殿之两侧,则为多数次要宫殿。

就全局之平面布置论,清宫及北平城之布置最可注意者,为正中之南北中轴线。自永定门、正阳门,穿皇城、紫禁城,而北至鼓楼,在长逾七公里半之中轴线上,为一贯连续之大平面布局。自大清门(明之"大明门",今之"中华门")以北以至地安门,其布局尤为谨严,为天下无双之壮观。清宫建筑之所予人印象最深处,在其一贯之雄伟气魄,在其毫不畏惧之单调。其建筑一律以黄瓦、红墙碧绘为标准样式(仅有极少数用绿瓦者),其更重要庄严者,则衬以白玉阶陛。在紫禁城中万数千间,凡目之所及,莫不如是,整齐严肃,气象雄伟,为世上任何一组建筑所不及。

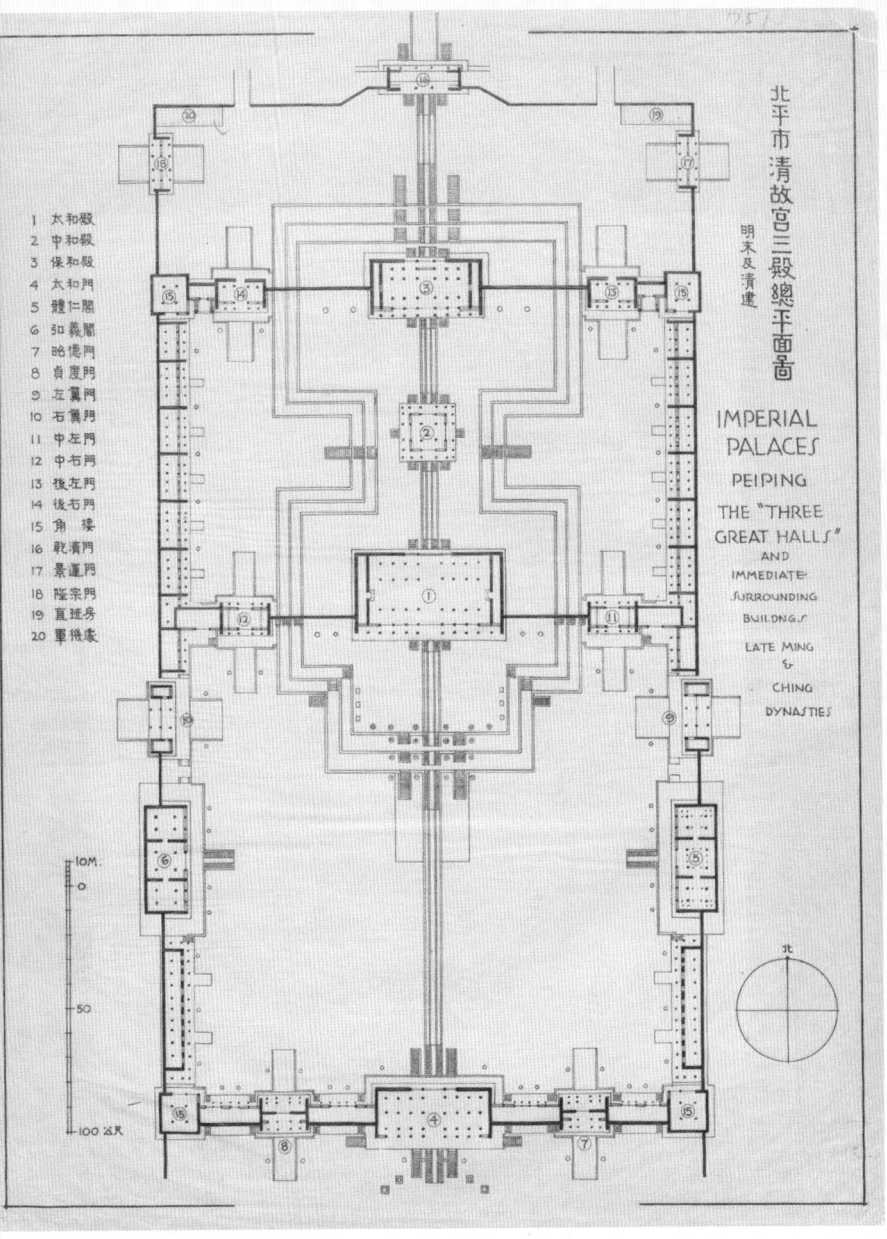

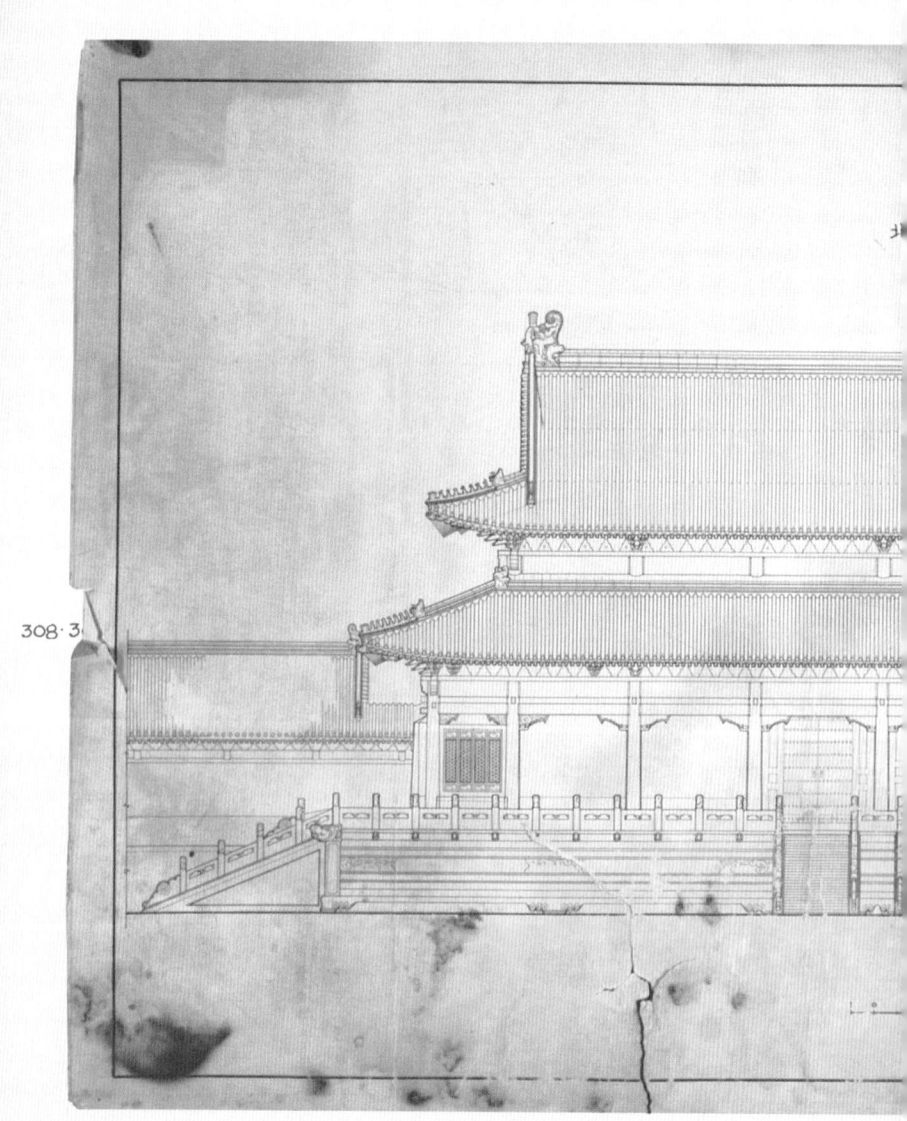

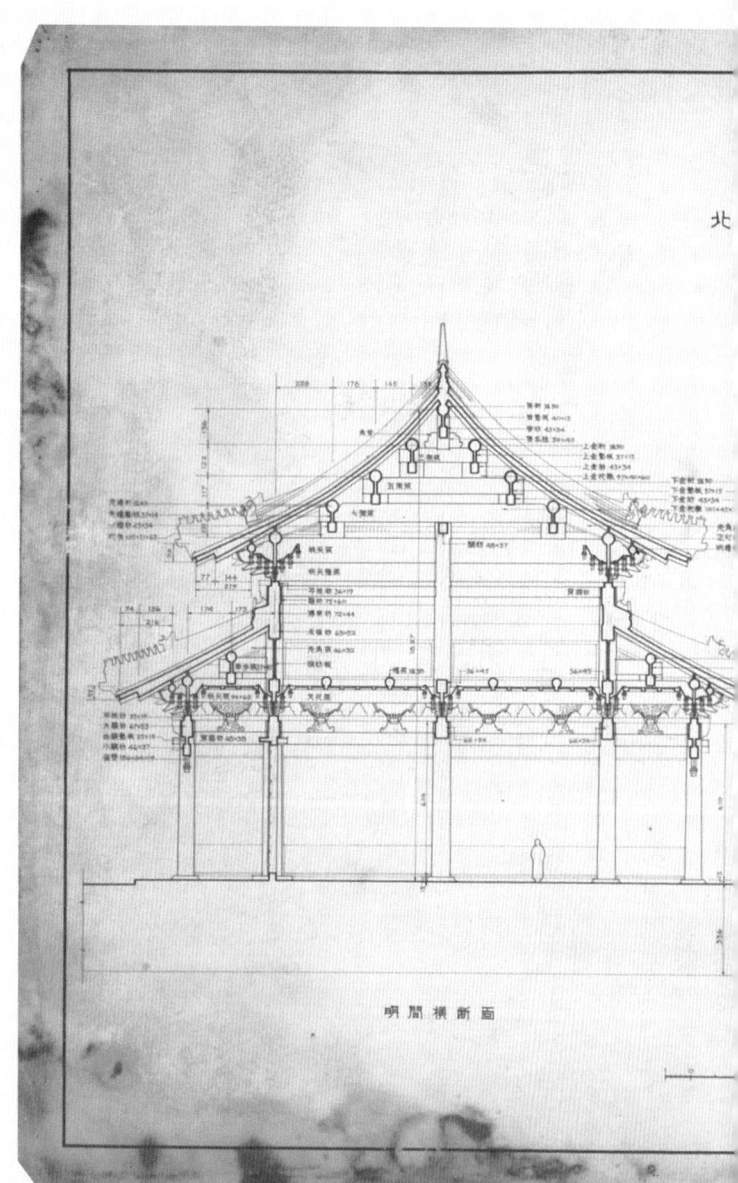

明間橫斷面

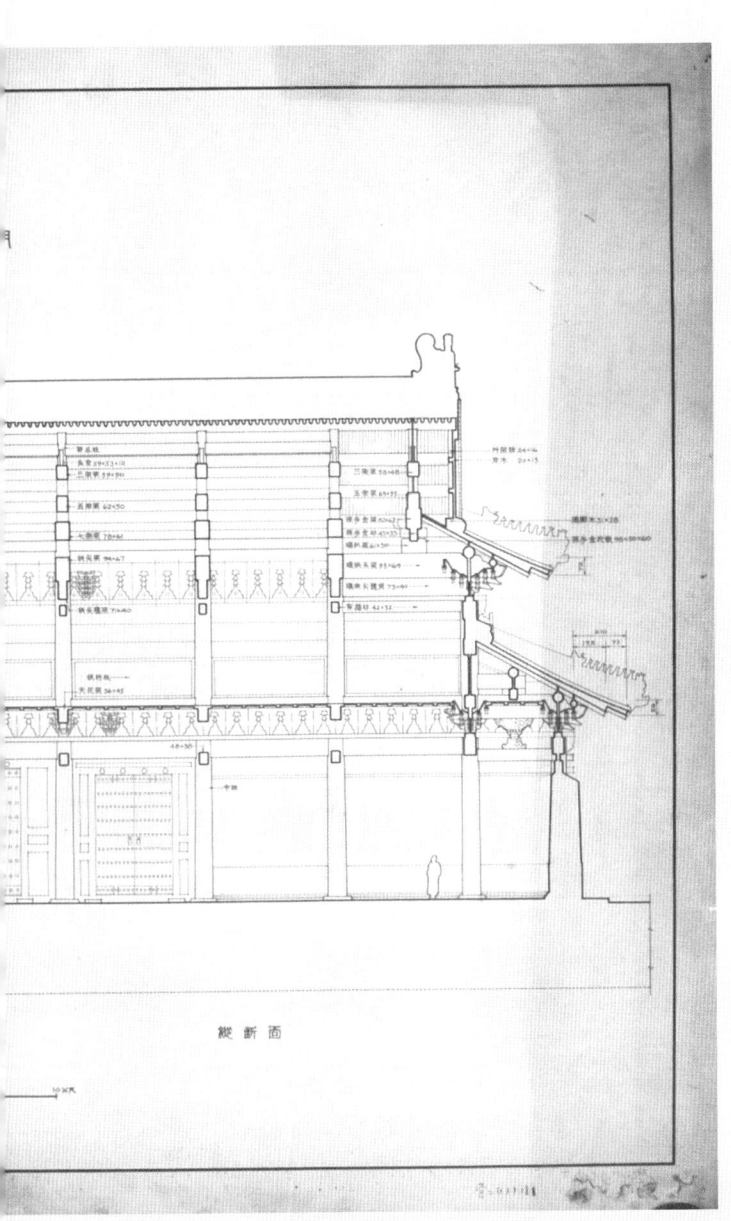

縱斷面

太和殿、中和殿、保和殿

太和殿,就面积言,为国内最大之木构物。殿于明初为奉天殿,后改称皇极殿。明末毁于李闯王之乱。顺治三年重建,康熙八年又改建为十一楹,十八年灾,今殿则康熙三十六年(公元1697年)所重建也。

中和殿,在太和殿与保和殿之间,立于工字形三层白玉陛中部之上。其平面作正方形,方五间单檐攒尖顶,实方形之大亭也。

保和殿,为三殿之最后一殿,九楹,重檐九脊顶,为明万历重建建极殿原构。

北京故宫中和殿及保和殿

3·366

15·366

316.366

北

門

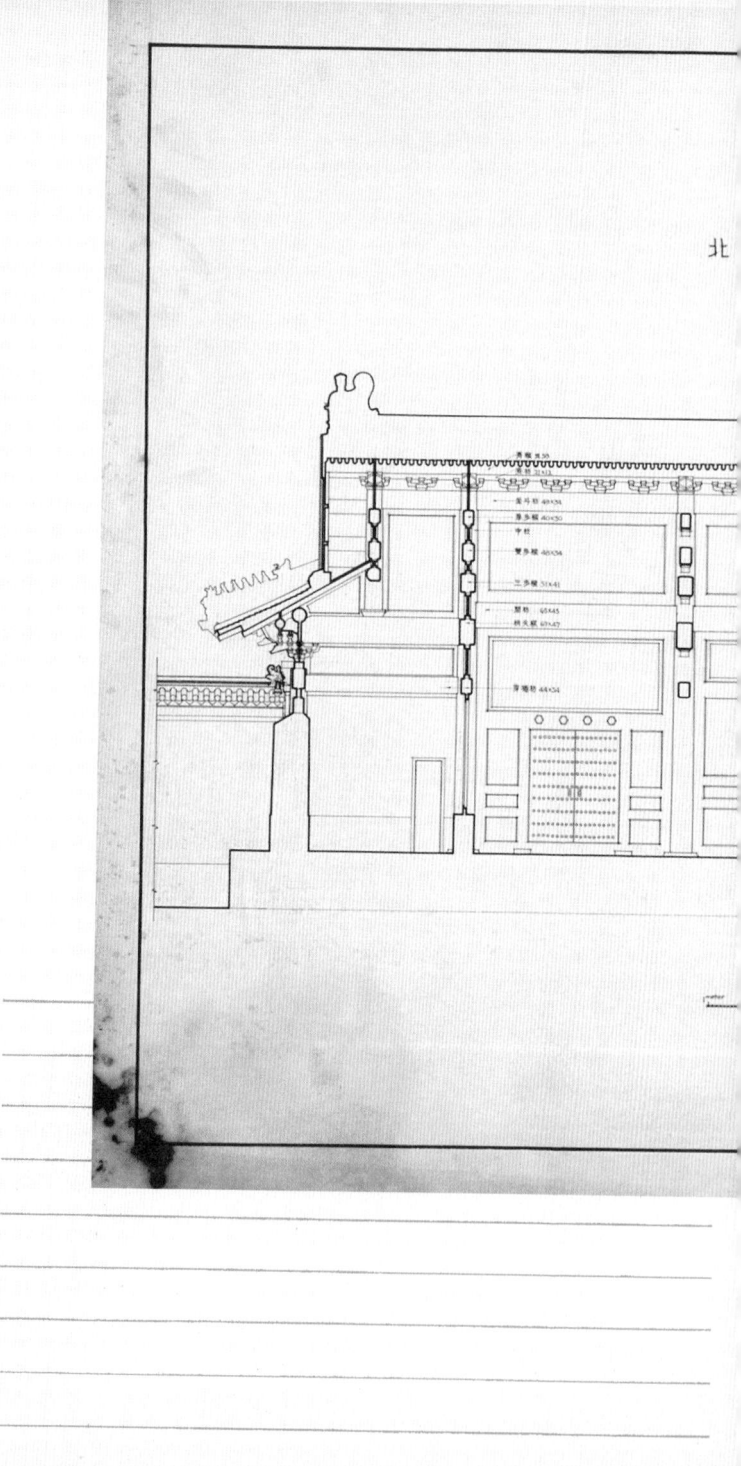

門

320·366

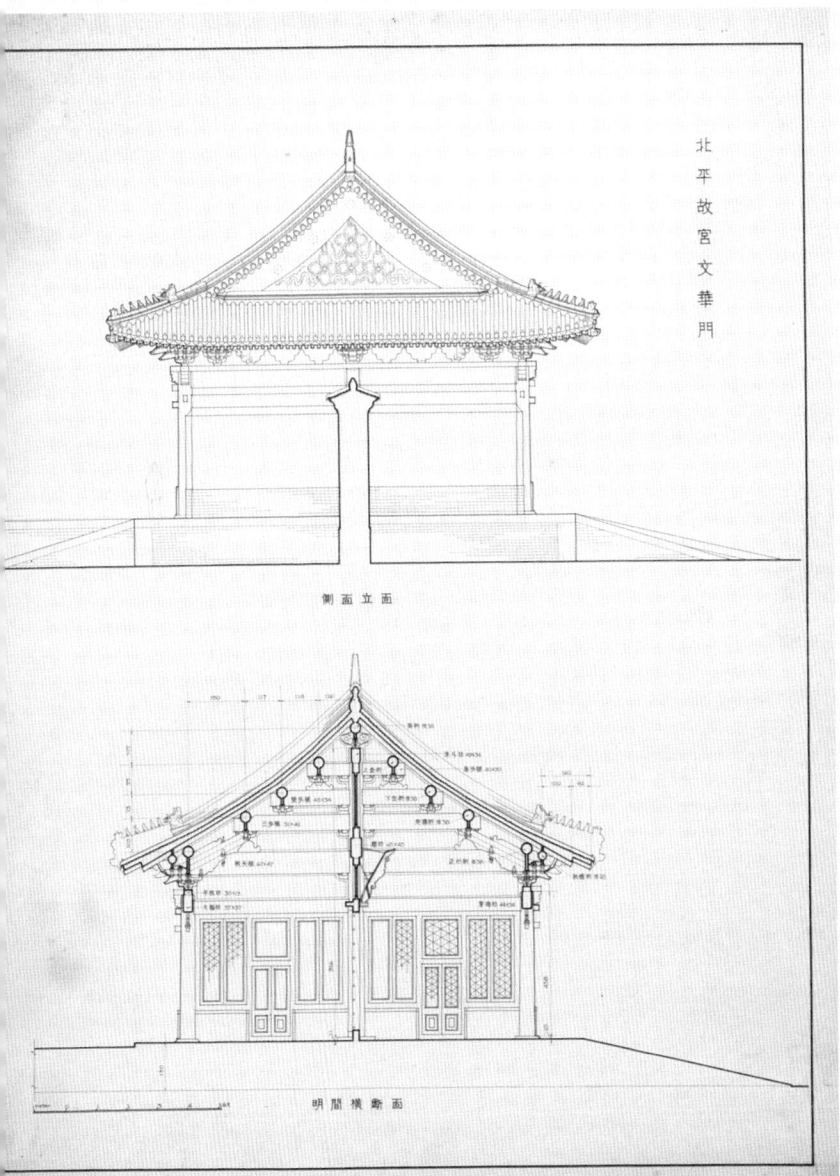

北平故宮文華門

側面立面

明間橫斷面

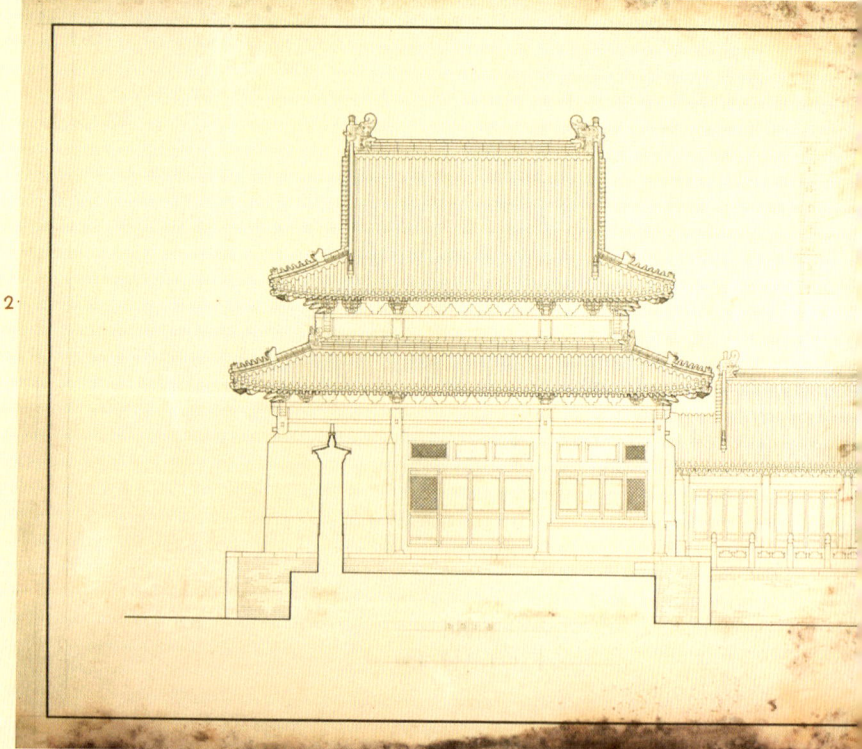

324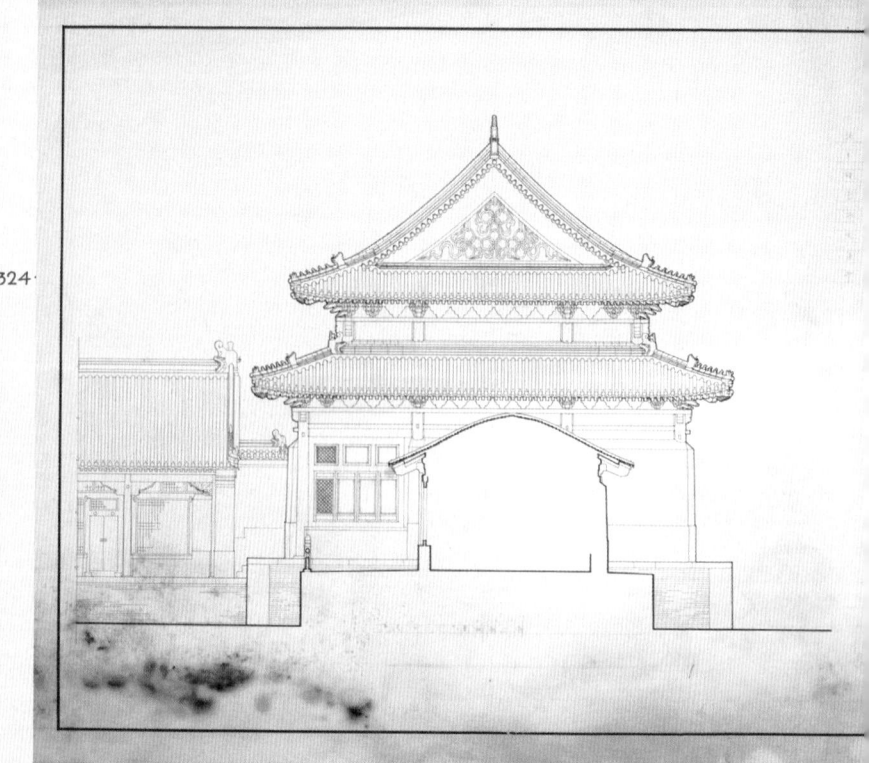

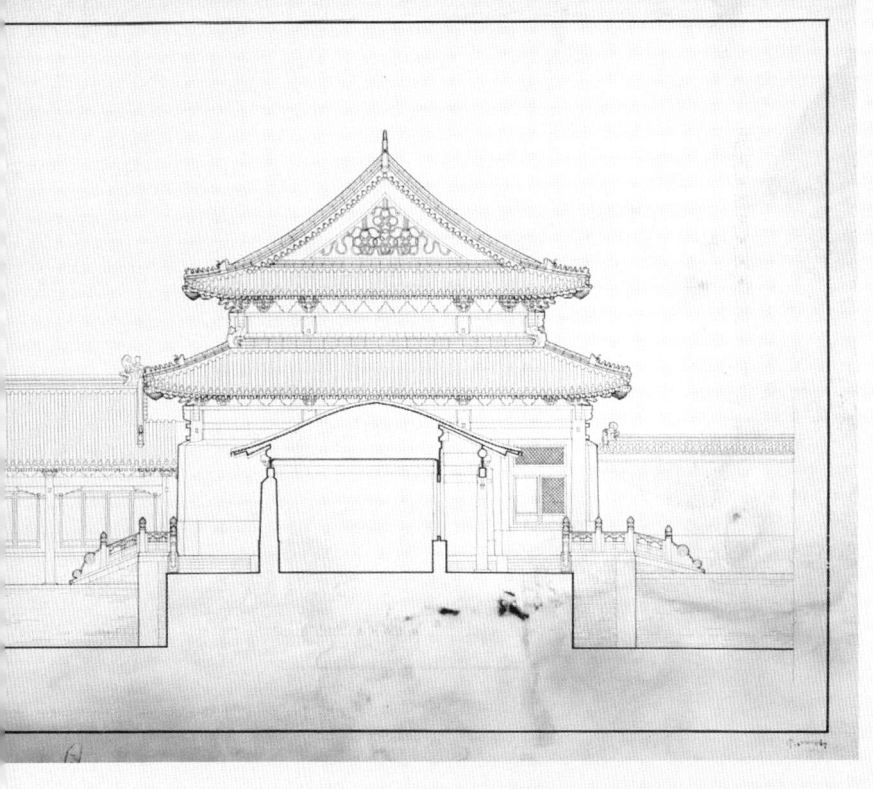

文渊阁

文渊阁，建于1776年，仿宁波范氏天一阁而建，用来藏《四库全书》。阁两层，但上下两层之间另加暗层，遂成三层；其平面于五间之西端另加一间以安扶梯，遂成六间，以应易大衍郑注"天一生水，地六成之"之意。

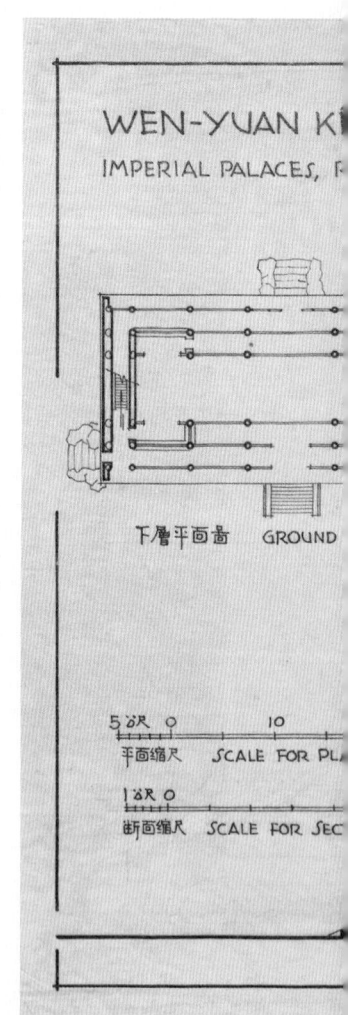

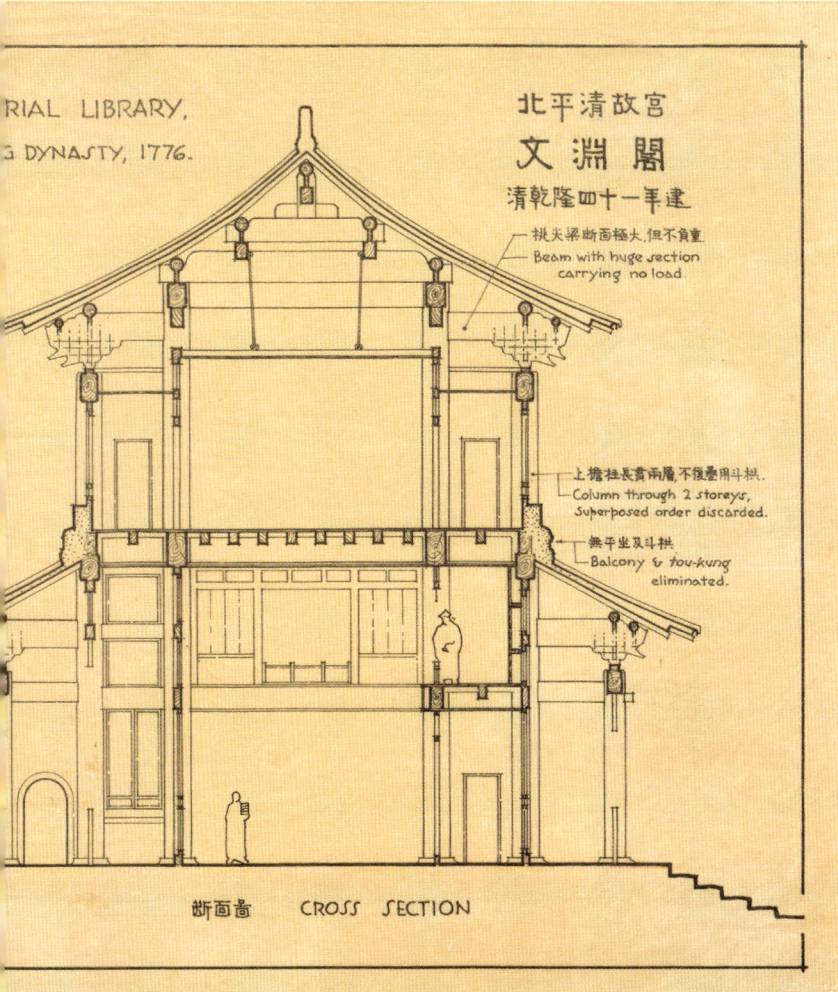

没有第二个国家有这样以巍峨尊贵的纯色黄琉璃瓦顶,朱漆描金的木构建筑物,毫不含糊地连属组合起来的宫殿与宫廷。紫禁城和内中成百座的宫殿是世界绝无仅有的建筑杰作的一个整体。

环绕着它的北京的街型区域的分配也是有条不紊的城市的奇异的孤例。当中偏西的宫苑,偏北的平民娱乐的什刹海,紫禁城北面满是松柏的景山,都是北京的绿色区。在城内有园林的调剂也是不可多得的优良的处理方法。这样的都市不但在全世界里中古时代所没有,即在现代,用最进步的都市计划理论配合,仍然是保持着最有利条件的。

北海

北海在三海中风景最胜，其南端一半岛，介于北海中海之间，筑作团城，其上建承光殿即金之瑶光台也。自半岛之西，白石桥横达西岸，为金鳌玉桥。在半岛之北隔水相望者为琼华岛，有石桥可达，桥面曲折，颇饶别趣。

岛上一山，高约三四十米，永安寺寺门与桥头相对，梵宇环列，直上山巅为白塔。塔为瓶形塔，建于清顺治八年（公元1651年），其址即金之广寒宫也。琼华岛山际尚有仙人承露盘等胜景，盖汉以来宫苑中之传统点缀也。

北海北岸诸单位中，布置精巧清秀者，莫如镜清斋，今亦称静心斋。其全局面积长仅一百一十余公尺，广七十余公尺，地形极不规则，高下起伏不齐，做成池沼假山，堂亭廊阁，棋布其间，缀以走廊，极饶幽趣，其所予人之印象，似面积广大且纯属天然者。园内建筑大多成于乾隆二十三年（公元1758年），唯叠翠楼则似较晚。

北京北海凉亭

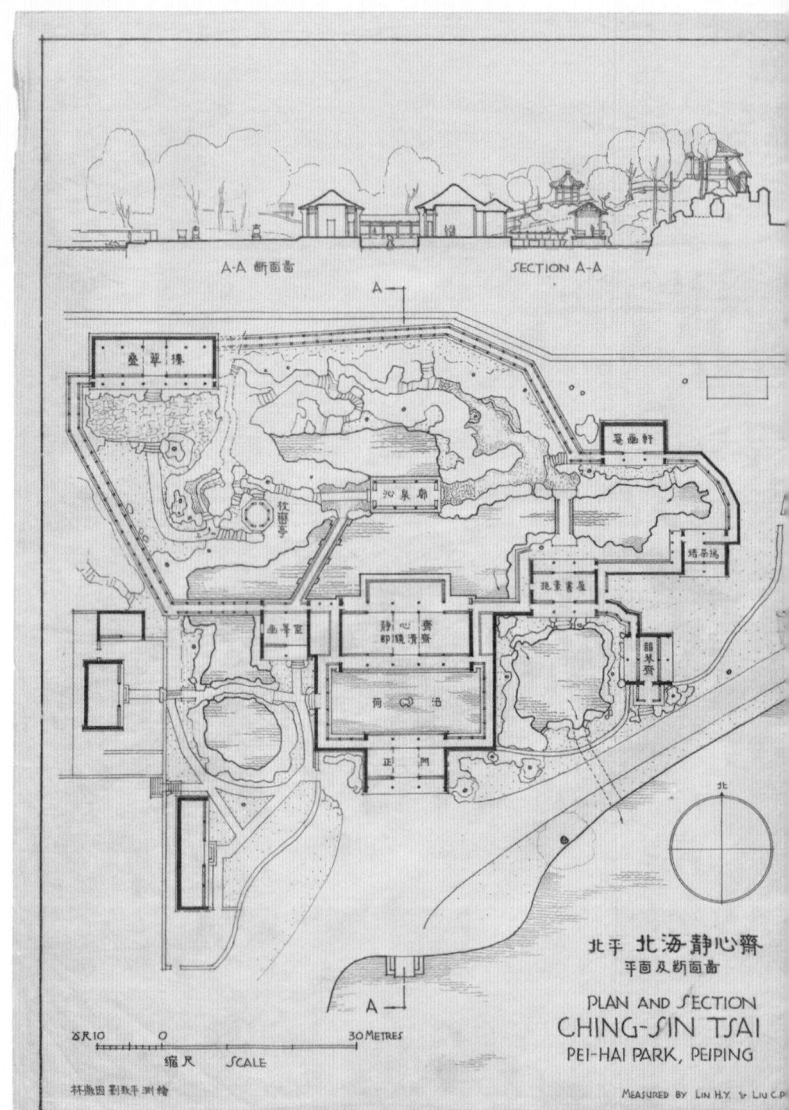

圆明园"实物",今仅残址废墟而已。圆明园与其毗连之长春园、万春园,称曰"三园",其中建筑物一百四十余组,统辖于圆明园总管大臣,实际乃一大园也。三园之中,圆明园最大。三园设计最基本之部分乃在山丘池沼之布置,其殿宇亭榭则散布其间。在建筑物成组之平面上,虽仍重一正两厢均衡对称,然而变化甚多。例如方壹胜境,其部临水,三楼两亭,缀以回廊。而正楼之前,又一亭独立,其后则一楼五殿合为一院,均非传统之配置法。又如眉月轩、问月楼、紫碧山房、双鹤斋诸组,均随地势作极不规则之随意布置。

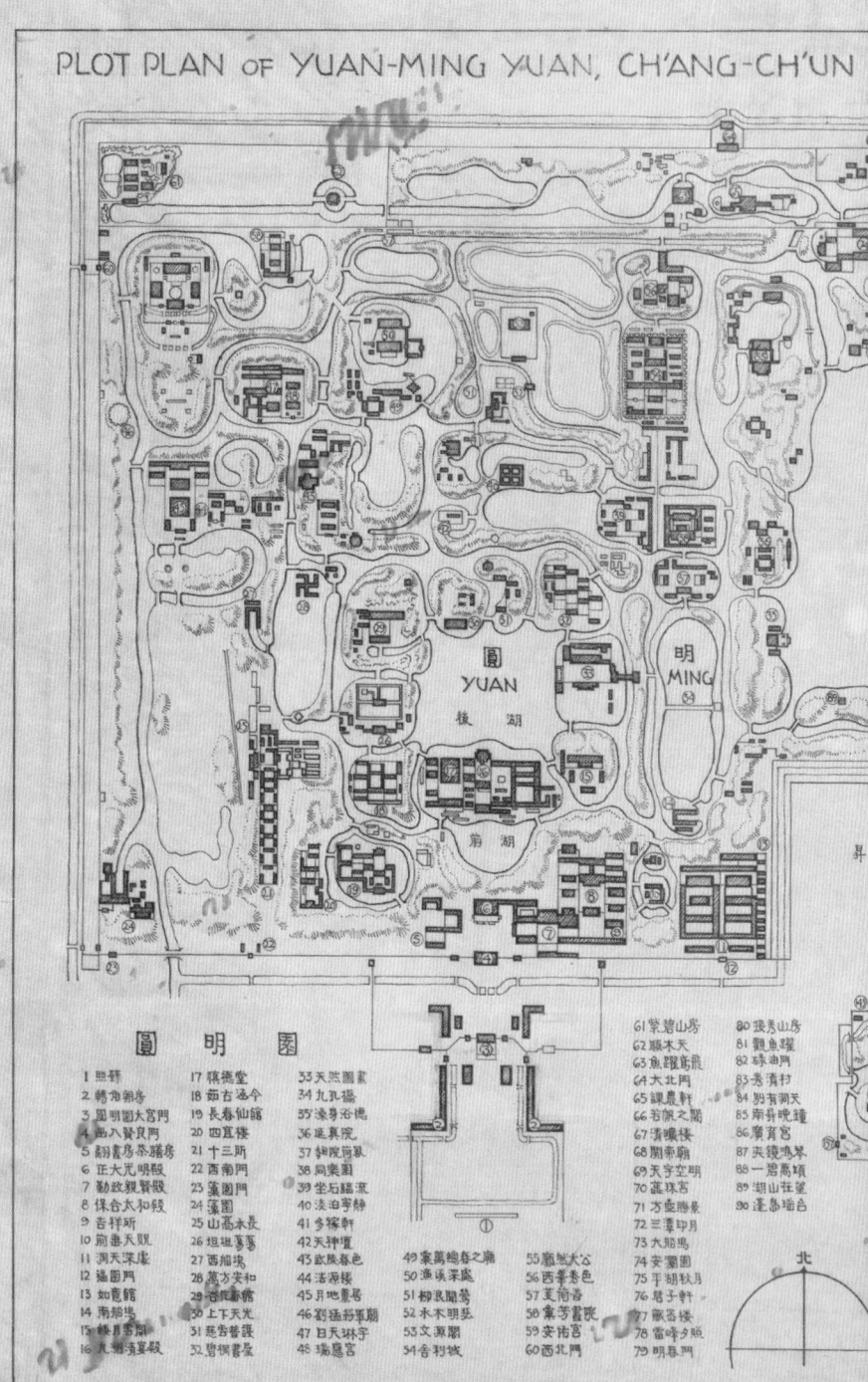

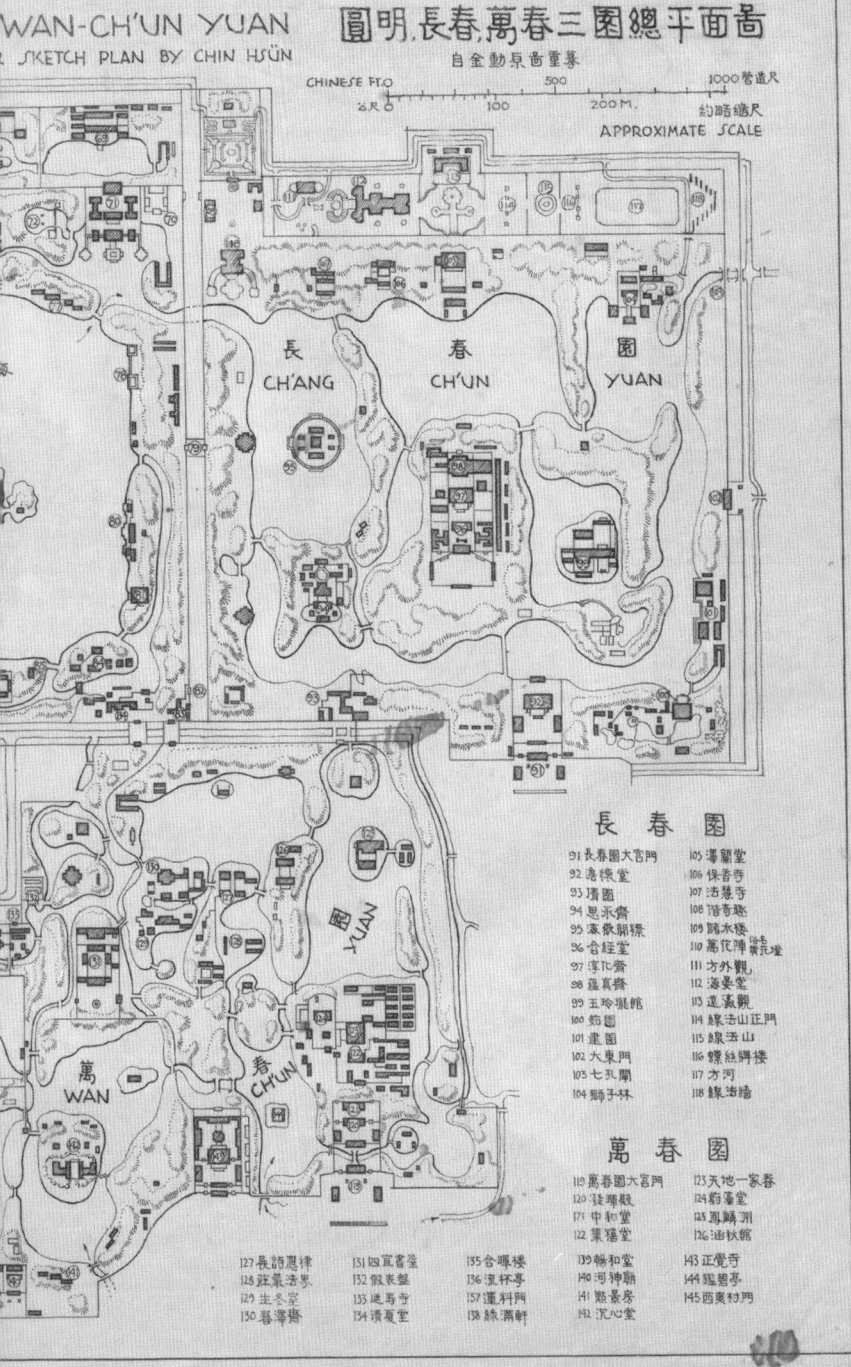

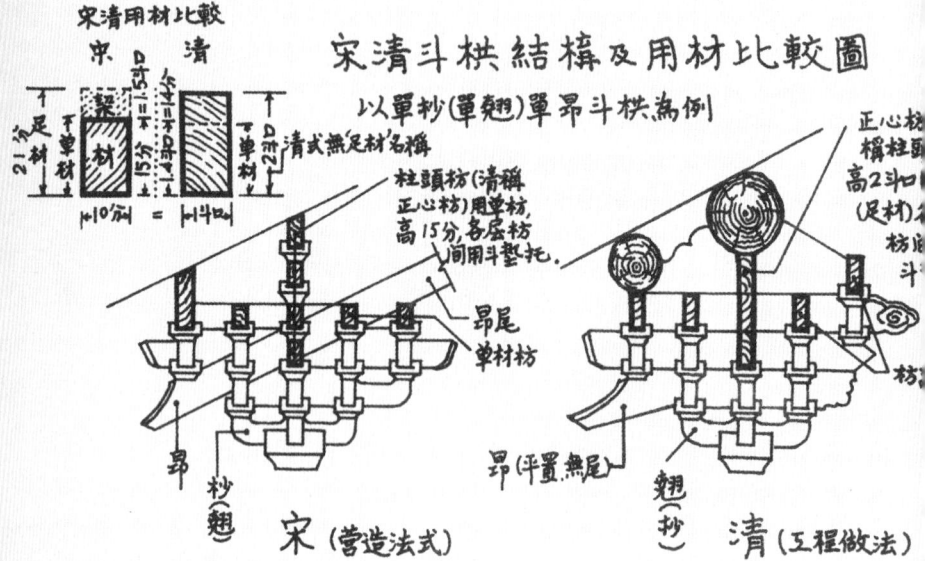

12 / Dec.
历代建筑演变

正在绘图的梁思成

12	M	T	W
Dec.			

T	F	S	S

336·366

中国始终保持木材为主要建筑材料,故其形式为木造结构之直接表现。其在结构方面之努力,则尽木材应用之能事,以臻实际之需要,而同时完成其本身完美之形体。匠师既重视传统经验,又忠于材料之应用,故中国木构因历代之演变,乃形成遵古之艺术。唐宋少数遗物在结构上造诣之精,实积千余年之工程经验,所产生之最高美术风格也。

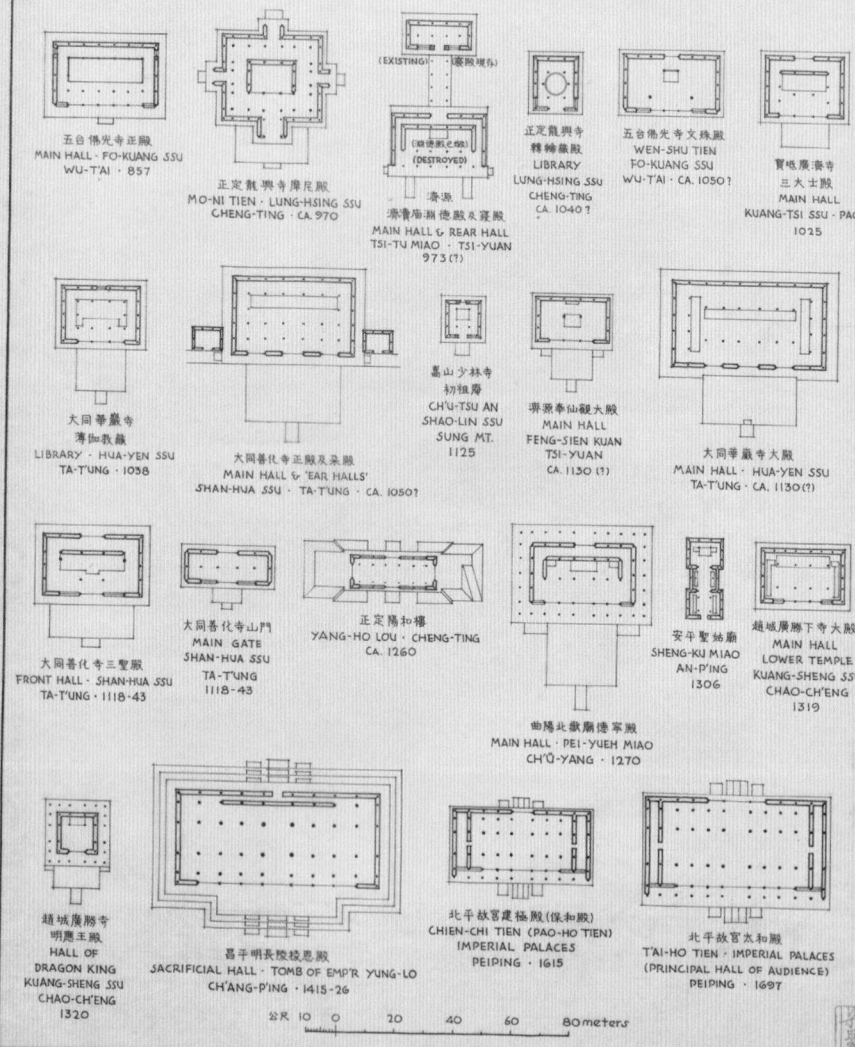

既以木材为主，此结构原则乃为"梁柱式建筑"之"构架制"。以立柱四根，上施梁枋，牵制成为一"间"（前后横木为枋，左右为梁）。通常一座建筑物均由若干"间"组成。此种构架制之特点，在使建筑物上部之一切荷载均由构架负担；承重者为其立柱与其梁枋，不藉力于高墙厚壁之垒砌。

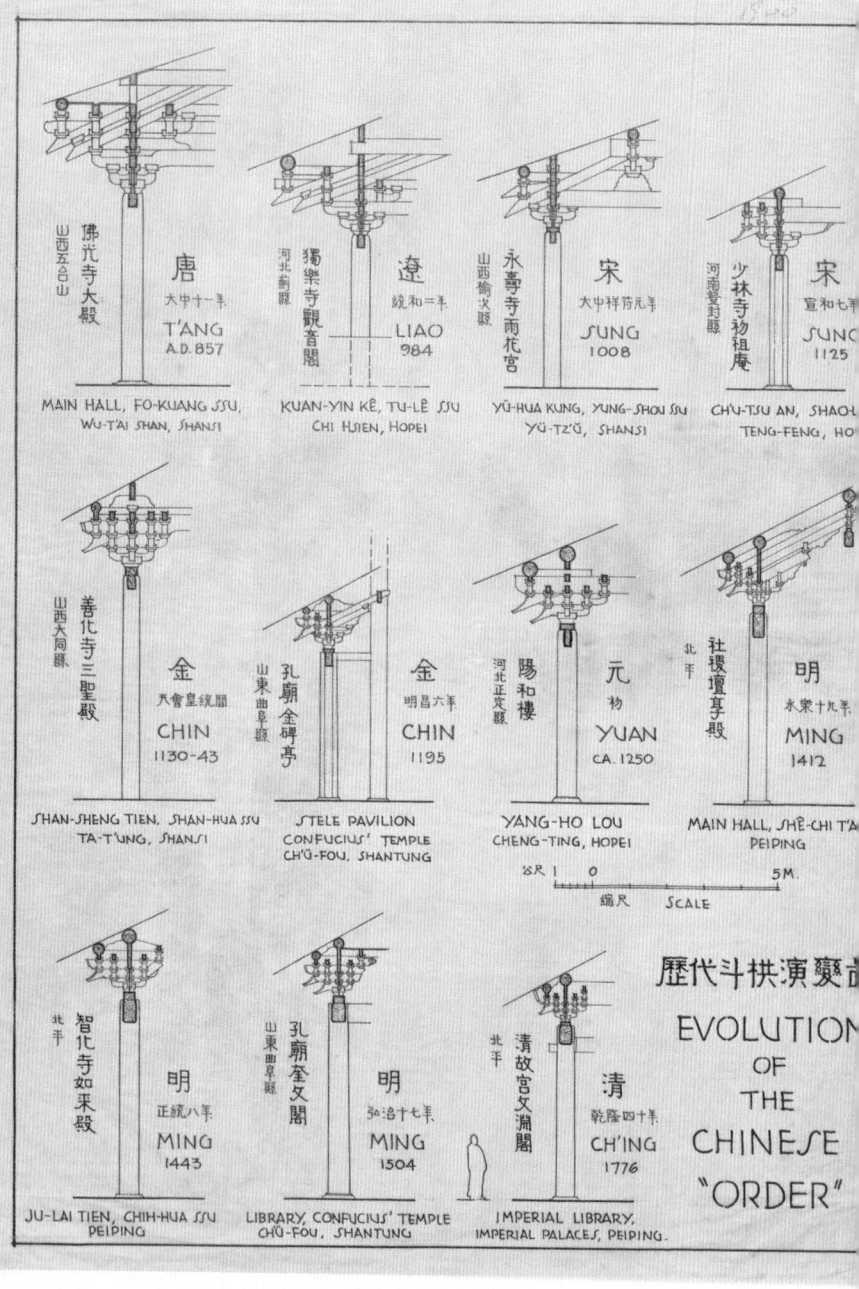

太古万安寺

在木构架之横梁及立柱间过渡处,施横材方木相互垒叠,前后伸出作"斗栱",与屋顶结构有密切关系。其功用在以伸出之栱承受上部结构之荷载,转纳于下部之立柱上,故为大建筑物所必用。后世斗栱之制日趋标准化,全部建筑物之权衡比例遂以横栱之"材"为度量单位,犹罗马建筑之柱式以柱径为度量单位。斗栱之组织与比例大小,历代不同,每可藉其结构演变之序,以鉴定建筑物之年代,故对于斗栱之认识,实为研究中国建筑者所必具之基础知识。

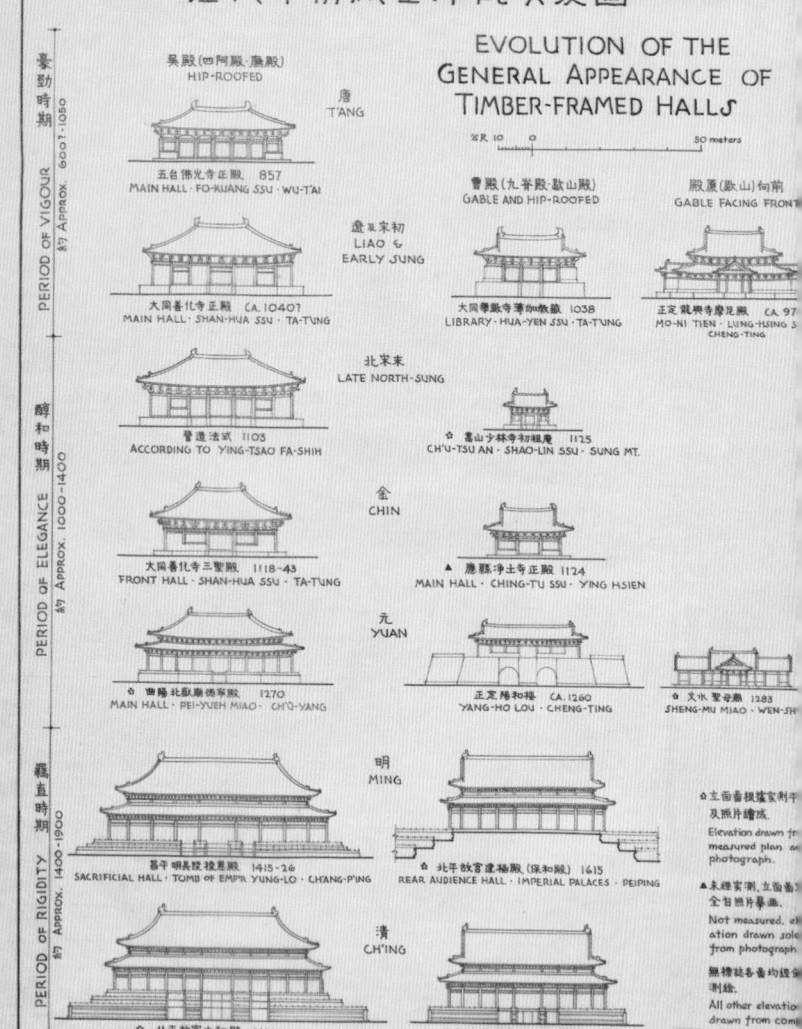

屋顶为实际必需之一部,其在中国建筑中,至迟自殷代始,已极受注意,历代匠师不惮烦难,集中构造之努力于此。依梁架层叠及"举折"之法,以及角梁、翼角、椽及飞椽、脊吻等之应用,遂形成屋顶坡面、脊端及檐边、转角各种曲线,柔和壮丽,为中国建筑物之冠冕,而被视为神秘风格之特征。

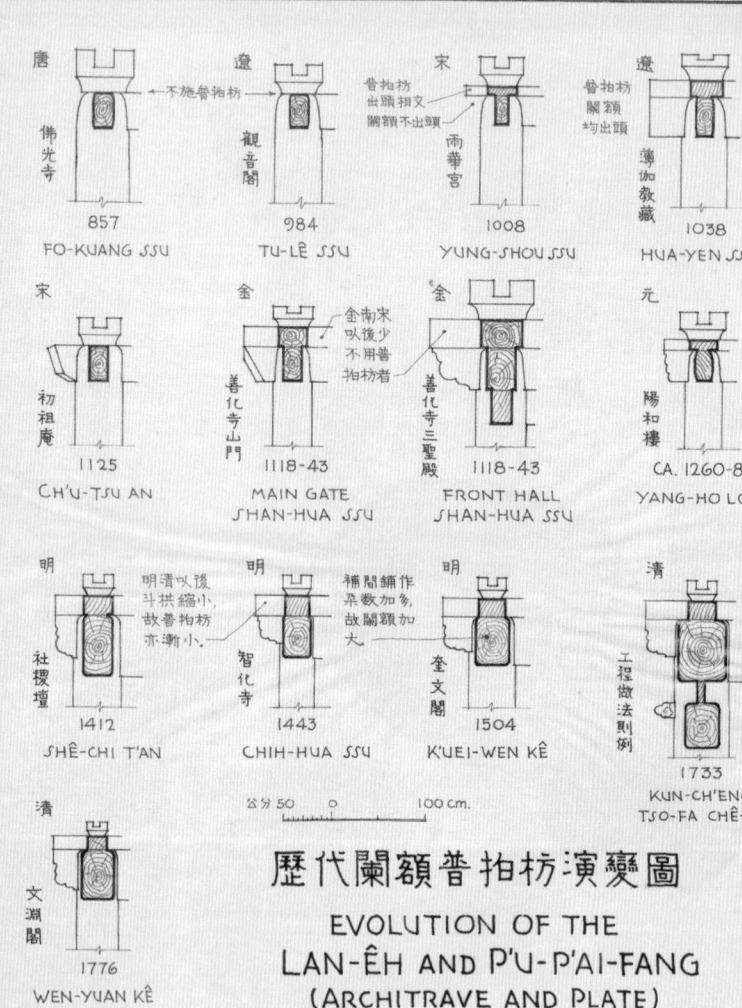

歷代耍頭(梁頭)演變圖   EVOLUTION OF THE SHUA-T'OU (HEAD OF THE BEAM)

公分 10 0   50   100 cm.

唐   唐   遼   宋

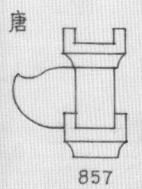
857
佛光寺正殿
MAIN HALL, FO-KUANG SSU

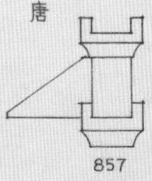
857
佛光寺正殿
MAIN HALL, FO-KUANG SSU

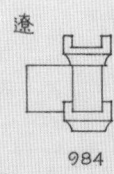
984
獨樂寺觀音閣
TU-LÊ SSU

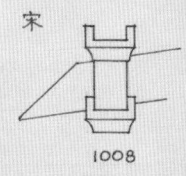
1008
永壽寺雨華宮
YUNG-SHOU SSU

宋   遼   宋   宋

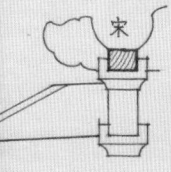
CA. 1030
佛光寺文殊殿
WEN-SHU TIEN, FO-KUANG SSU

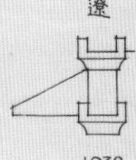
1038
薄伽教藏
LIBRARY HUA-YEN SSU

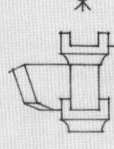
1100
營造法式
YING-TSAO FA-SHIH

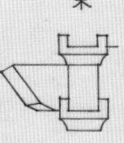
1125
初祖庵
CH'U-TSU AN

金   金   金   金

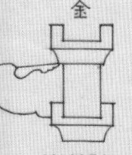
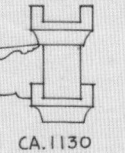
CA. 1130
華嚴寺大殿
MAIN HALL, HUA-YEN SSU

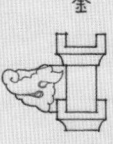
1118-43
善化寺三聖殿
FRONT HALL SHAN-HUA SSU

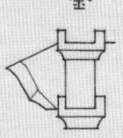
1118-43
善化寺三聖殿
FRONT HALL SHAN-HUA SSU

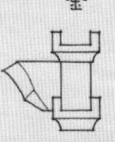
1118-43
善化寺山門
MAIN GATE SHAN-HUA SSU

元   明   清   清

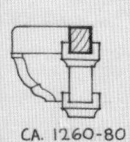
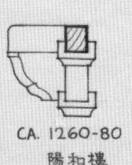
CA. 1260-80
陽和樓
YANG-HO LOU

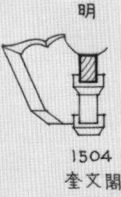
1504
奎文閣
LIBRARY CONFUCIUS' TEMPLE

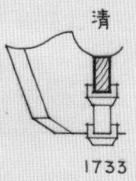
1733
工程做法
KUNG-CH'ENG TSO-FA CHÊ-LI

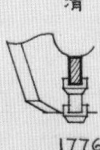
1776
文淵閣
WEN-YUAN KÊ

346·366

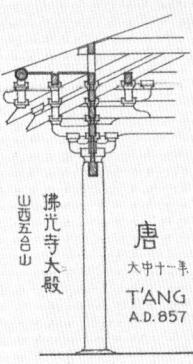

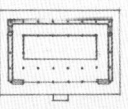

348 · 366

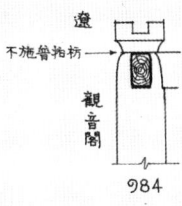

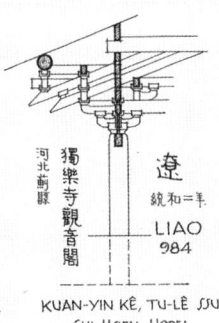

KUAN-YIN KÊ, TU-LÊ SSU
CHI HSIEN, HOPEI

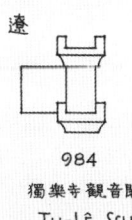

獨樂寺觀音閣
TU-LÊ SSU

350 · 366

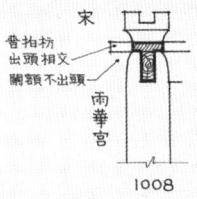

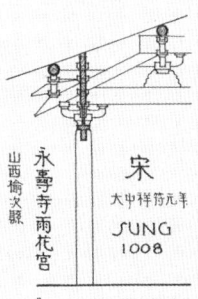

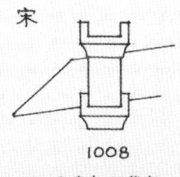

352 · 366

GABLE AND HIP-ROOFED
大同華嚴寺薄伽教藏 1038
LIBRARY·HUA-YEN SSU·TA·T'UNG

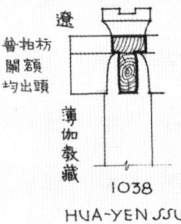
HUA-YEN SSU

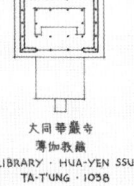
大同華嚴寺
薄伽教藏
LIBRARY · HUA-YEN SSU
TA·T'UNG · 1038

354 · 366

355·366

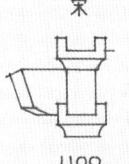

356 · 366

357·366

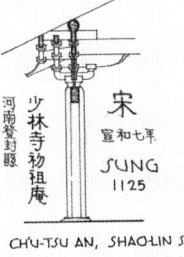

CH'U-TSU AN, SHAO-LIN SSU
TENG-FENG, HONAN.

梁思成在善化寺大雄宝殿内

大同善化寺三聖殿 1118-43
FRONT HALL · SHAN-HUA SSU · TA-T'UNG

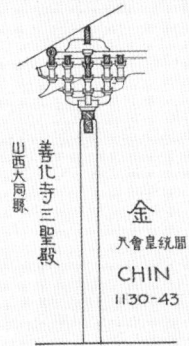

359 · 366

山西大同縣
善化寺三聖殿

金
天會皇統間
CHIN
1130-43

SHAN-SHENG TIEN, SHAN-HUA SSU
TA-T'UNG, SHANSI

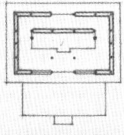

大同善化寺三聖殿
FRONT HALL · SHAN-HUA SSU
TA-T'UNG · 1118-43

360 · 366

元
YUAN

正定陽和樓 CA. 1260
YANG-HO LOU · CHENG-TING

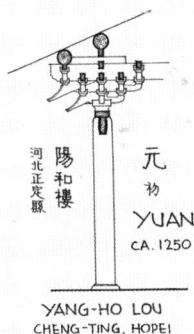

河北正定縣
陽和樓
元
物
YUAN
CA. 1250

YANG-HO LOU
CHENG-TING, HOPEI

361·366

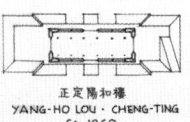

正定陽和樓
YANG-HO LOU · CHENG-TING
CA. 1260

梁思成在野外考察

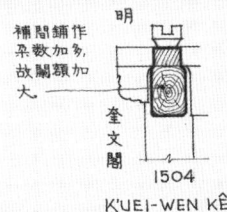

K'UEI-WEN KÊ

LIBRARY, CONFUCIUS' TEMPLE
CHÜ-FOU, SHANTUNG

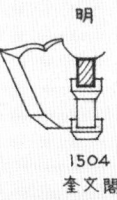

LIBRARY
CONFUCIUS' TEMPLE

364–366

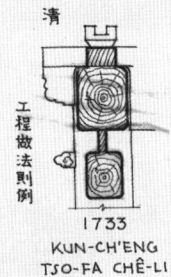

清
工程做法則例
1733
KUN-CH'ENG
TSO-FA CHÊ-LI

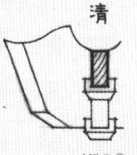

清
1733
工程做法
KUNG-CH'ENG
TSO-FA CHÊ-LI

梁思成在独乐寺观音阁斗棋下

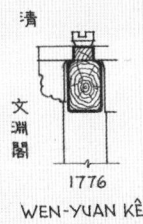
清 文淵閣
1776
WEN-YUAN KÊ

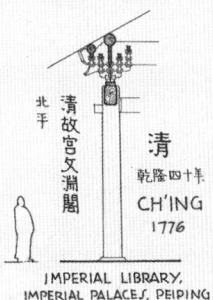
北平 清故宮文淵閣
清 乾隆四十年
CH'ING
1776
IMPERIAL LIBRARY,
IMPERIAL PALACES, PEIPING.

清
1776
文淵閣
WEN-YUAN KÊ

岁余

图书在版编目（CIP）数据

古拙：梁思成笔下的古建之美 / 梁思成著；林洙编.
-- 北京：中国青年出版社，2015.10（2024.12 重印）
ISBN 978-7-5153-3921-4

Ⅰ.①古… Ⅱ.①梁…②林… Ⅲ.①历书 - 中国 -2016
②古建筑—介绍—中国 Ⅳ.①P195.2 ②K928.71

中国版本图书馆 CIP 数据核字（2015）第 247465 号

作者：梁思成
编者：林洙
责任编辑：王飞宁
书籍设计：白凤鹍

出版发行：中国青年出版社
社址：北京市东城区东四十二条 21 号
邮编：100708
网址：www.cpy.com.cn
营销中心：010-57350370
经销：新华书店
印刷：北京科信印刷有限公司
规格：889×1194mm　1/32
印张：16.25
字数：60 千字
印数：57001-60000 册
版次：2016 年 1 月北京第 1 版
印次：2024 年 12 月北京第 13 次印刷
定价：88.00 元

本图书如有印装质量问题，请凭购书发票与质检部联系调换　联系电话：010-57350337

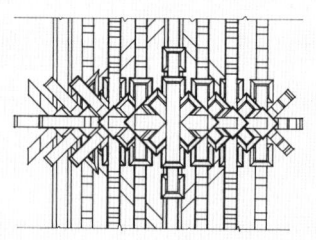